杨萧 著

未来怎么样，怎么做
取决于现在

图书在版编目(CIP)数据

未来怎么样，取决于现在怎么做 / 杨萧著 . -- 北京：当代世界出版社，2016.12
　　ISBN 978-7-5090-1168-3

Ⅰ . ①未… Ⅱ . ①杨… Ⅲ . ①成功心理—青年读物 Ⅳ . ① B848.4-49

中国版本图书馆 CIP 数据核字（2016）第 282229 号

书　　名：	未来怎么样，取决于现在怎么做
出版发行：	当代世界出版社
地　　址：	北京市复兴路 4 号（100860）
网　　址：	htip://www.worldpress.org.cn
编务电话：	（010）83907332
发行电话：	（010）83908409
	（010）83908455
	（010）83908377
	（010）83908423（邮购）
	（010）83908410（传真）
经　　销：	全国新华书店
印　　刷：	三河市兴达印务有限公司
开　　本：	880 毫米 ×1230 毫米　1/32
印　　张：	8
字　　数：	168 千字
版　　次：	2017 年 1 月第 1 版
印　　次：	2017 年 1 月第 1 次
书　　号：	ISBN 978-7-5090-1168-3
定　　价：	35.00 元

如发现印装质量问题，请与承印厂联系调换。
版权所有，翻印必究，未经许可，不得转载！

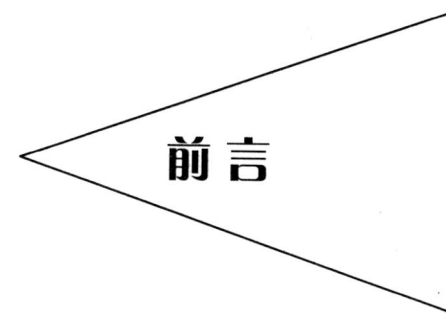

前言

想写这本书,有很多原因。

我从当年的职场菜鸟,到现在成为拥有上百名员工的公司老总,这个蜕变过程,仅用了六年时间。

六年的职场打工经历让我明白,在工作中,你若仅仅把自己当作公司的员工,那么,即使你干一辈子,也只是一个为了生计而透支体力的员工。

这些年,我接触了形形色色的人,其中有功成名就的企业家,有拿着七八位数年薪的职业经理人,有年轻的创业者,有在而立之年仍不知道自己适合做什么的求职者,有人到中年还在为找工作发愁的打工者……

在与他们聊天时,我最大的感受是:他们对"工作"的定义不一样。创业者和职业经理人把工作当成事业来经营,在工作中融入自己的梦想;求职者和"打工"者认为,工作就是工作,是维持生计、养家糊口的工具。

让我下定决心写这本书的是我的朋友J。

J是山东人,幼教系统的一位职场大咖级人物,先后在国企、

未来怎么样，取决于现在怎么做

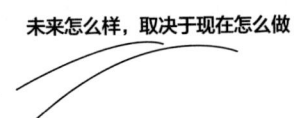

上市公司、中外合资公司等企业就职，现在和朋友合伙创业，他的公司即将上市。

在我所有的朋友中，J是唯一一个干什么都成功的人！

"我一直不明白，虽然你跳槽次数多、转行也多，但不管你选择去哪家公司，做什么工作，都能做出成绩来。能跟我谈谈你的秘诀吗？"我笑着向他讲出我的疑惑。

他淡淡一笑，说道："秘诀就一句话：在公司里，别把自己当员工。"接着，他向我讲起他的故事。

他的梦想是做自由创业者，但事与愿违，他大学毕业后，被分到一家国企做办公室文员。说是文员，其实跟打杂的差不多，日常工作是接待客户，接听电话，转电话，外加帮领导、同事打印文件。

每天重复这些没有意义的工作，他郁闷极了，很想辞职，但因对辞职后的出路没有信心，作罢了。

"我辞职后做什么？"他在心里问自己，"显然，以我目前的心态和经济情况，创业是不可能的。我何不以一个领导者的身份来管理自己的工作呢。"

这么一想，他就释然了。当他用"领导者"的身份工作时，他的工作发生了戏剧性的改变，他几乎是全情投入：为了做好接待客人的工作，他利用业余时间学习商务沟通、商务谈判；为了妥善处理好电话事务，他自学了很多接打电话的技巧……对他来说，每一项工作都是汲取新知识的机会。

在他的精心"管理"下，每一项在别人看来枯燥、繁琐的工作，

前　言

开始变得非常有意义：经他手打印的文件，领导和同事十分满意；他接待过的客户对他好评如潮，甚至有一些跟他电话沟通过的客户，也被他彬彬有礼的说话态度所折服，多次把表扬电话打到他的领导那里。

他出色的表现引起了高层的注意。一年后，企业向他伸出橄榄枝，这次的职位是新成立的外贸部门的副总。他辉煌的职业生涯由此正式开始，他的梦想也开始实现。

他总结道："有许多梦想，都是通过工作来实现的。在工作中，我们要做好'领导'的角色，这样才能够平衡梦想和工作的关系。当我们不把自己当员工时，才能关注正在做的事情，并尽力做到最好，从中发现更多的惊喜，从而创造最大的价值。"

"做好'领导'的角色，平衡好梦想和工作之间的关系。"他的这句话，一下子说到了我的心里。我回首以往走过的路，突然发现，我今天能有这样的成就，就是我在工作时，从来没有把自己当成员工。

当年，我怀着到大公司做"百万年薪高管"的美梦，进入一家公司做销售。面对工作中出现的压力和挫折，我有过好多次放弃的念头。

"我都干一年了，还是个没有任何头衔的员工，我明天就辞职，不干了。"我冲着带我的师父发牢骚。

"谁让你当没有头衔的员工的，你完全可以当自己的'大领导'啊。"师父平静地说。

未来怎么样，取决于现在怎么做

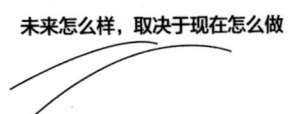

"当自己的'大领导'？"我疑惑地问。

"是呀。"师父解释，"你可以管理你这种不稳定的情绪，养成良好的工作习惯。等你把自己管理好了，就不会在心情不好或遇到困难时找工作的碴儿、挑工作的毛病了。这样你才有能力影响别人，管理好别人，让别人跟着你进步。"

师父这番话让我开始反思：像我现在这种一遇到困难就抱怨的状态，如何"管理"别人？管不好别人，我如何实现我的"高管梦"？

从此以后，我在工作中开始做自己的"领导"，化抱怨为力量，努力工作。那段时间，我好像又回到了大学时代，整天铆足了劲儿学习各种推销术，到公司比别人早，下班比别人晚。即便是节假日，我在跟亲朋好友聚会时，也会注意谁说话受大家欢迎，并拿出本子将其说的话记录下来。

最终，专科学历的我，在较短的时间里，超过了同部门其他名牌大学毕业的同事，成为我们销售部能力最强的人。

"在公司里，不要把自己当成员工，而是要把自己当管理自己的'领导者'，只有这样，我们才会真正明白，自己是在给自己的将来打工，给自己累积经验和财富，为实现梦想打基础！"这句话，成为了我人生路上不断前行的座右铭。

不管你在哪里工作，都别把自己当成"员工"，而是要把自己当成管理自己梦想和工作的"领导者"，当你处理好这两者之间的关系后，哪怕你做的是最基层的工作，也可以学到很多知识和经验。

我想起这些年遇到的那些事业有成的朋友，突然间发现，他们

前言

之所以能够在平凡的职位上做出成就，就是因为他们在公司里，从来没有把自己当成普通的"员工"。

我在本书中的观点，来自于我对职业、工作的感悟；本书里的故事，是我的朋友、同行、客户、同事以及我熟悉的人的亲身经历。

由于本书是我在工作、讲课之余写的，再加上我的水平有限，难免有不足之处，恳请广大读者朋友给予批评指正！

最后，我要感谢我的恩师曾晨女士、吴晓琼女士、严建新先生，以及与我同甘共苦过并且直到现在依然在一起的兄弟，他们是：拜淑云、周建波、王保强、范东国、徐晗、李中豪、周永祥、万可焕、崔国军、皮雷军、王永康、位敢、秦枫、孔立伟、周寅、刘瑞国，感谢他们的一路扶持！还要感谢我的队友李文业、何一凡、鸿飞、江龙、刘桂兰、刘奇、梁国会、尚志科、李莎、焦点、章臣、张琳、盛超、刘亚洲、柳翔萧、赵海燕、程敏、李强、李响、王东、张增文、腾艳飞、范亚明、闫笑玲、林玲，感谢我的好兄弟崔红进、齐秀风、刘金刚、马子明、赵平、曲维波、王志增、甘振业、蔡丽平、何斌、王惠荣、禅进华、何天林、洪根林、何键、何冠辉、钟彦伟、姚奉金等的一路信任与支持！我想要感谢的人太多，在这里就化作一句话：感谢所有与我相遇并有缘同行的你们！！！

目录 / CONTENTS

第一章

人生赢家,是清楚自己要什么

01　在拼爹拼脸的时代学会"拼命" // 002

02　在穷忙瞎忙时认清方向 // 009

03　在擅长的领域豪赌一把 // 015

04　把你的级别定为业界"大佬" // 020

05　带着伤痕跑向目的地 // 027

06　人生赢家,是清楚自己要什么 // 032

第二章

职场好运,来自日积月累的修炼

07　微信圈里的"僵尸"们在忙啥? // 040

08　历经风雨洗礼,盼你始终坚强如昔 // 047

09　大家都很忙,没人看你狼狈的模样 // 054

10　还没到结局,就不要轻易放弃 // 058

11 你美你傲娇，我丑我低调 // 064

12 职场好运，来自日积月累的修炼 // 070

第三章
到手工资，不代表你的身价

13 到手工资，不代表你的身价 // 078

14 在工作中来一个双剑合璧 // 084

15 菜鸟是这样变成精英的 // 091

16 有时候"最爱"比钱更重要 // 097

17 知道你能力的边界，才会成功 // 104

18 痛不欲生的事情会让你变得更坚强 // 108

第四章
你的态度，决定你职业的高度

19 你的态度，决定你职业的高度 // 114

20 在自己的世界里"我行我素" // 120

21 想要到达繁华，必经一段荒凉 // 126

22 不要把这个世界让给你鄙视的人 // 132

23 你拿什么 Hold 住你的梦想 // 139

24 相信"相信自己"的力量 // 145

25　命好不好，在于选择 // 153

26　即使失败，总胜过从未尝试 // 161

第五章
开发自己 + 坚持 = 大咖

27　开发自己 + 坚持 = 大咖 // 170

28　坐热你人生的"冷板凳" // 176

29　选好职业生涯的"跳板" // 181

30　让你抓狂的"魔头"是你的救世主 // 187

31　用你的方式坚持做事情 // 193

32　没有牛掰的资格就不要任性 // 198

33　用傻帽一样的坚持换回你想要的东西 // 204

34　让你的"恐惧"成就你 // 210

第六章
精彩人生，联烨员工的故事

35　所有经历都是人生财富 // 216

36　请让我们的梦想走进现实 // 222

37　让工作成就我们的梦想 // 226

38　我爱的工作和梦想 // 229

39　在工作中成就自己 // 232

40　做一个有美貌、有智慧、有梦想的女孩 // 234

41　我擦的不是皮鞋,是梦想 // 237

42　我奔跑,我快乐 // 241

第一章

人生赢家,是清楚自己要什么

未来怎么样, 取决于现在怎么做

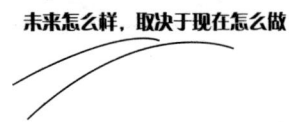

01
在拼爹拼脸的时代学会"拼命"

两年前,我在 S 市讲课时,发生了一个"事故",大家看清楚了,不是故事,是"事故"。

那天,我刚开始讲课,突然大厅后门闯进一个身材粗壮、皮肤暗黄的姑娘。

没等我和学员们反应过来,主办方的负责人已经急匆匆地跟进来了。

"杨老师,我是您的学生,您还认识我吗?"姑娘扯着大嗓门问我。

我一愣,说实话,我并不认识她。

"杨老师,不好意思,我们没有拦住她。"负责人看我不语,说道。接着转过身对那个姑娘说:"这是为企业高管量身定制的课程,请你出去。"

"我不会出去的。"姑娘一屁股坐在讲台台阶上,一副耍赖皮的样子。

"杨老师贵人多忘事啊。不过没关系,您这课我今天听定了。"

她抬头看看我,那执着的眼神让我一惊。

她眼神里有一种豁出去的决绝。

这个世界上有这么一种人,他们那不顾一切的拼劲儿,任你是铁石心肠,也无法拒绝。

我妥协了,有时候,妥协虽非心甘情愿,但却源于一个人不顾一切的真诚和不容人拒绝的"蛮劲"。

我对旁边的负责人说:"让她留下吧,我想起她是谁了。"

实际上,我压根儿就不认识这位"不要命"的姑娘,更别提她的名字了。

因为讲的是与人沟通的课程,所以,我在与学员互动时,会鼓励大家上台做自我介绍,再讲一段关于自己的故事。

刚开始,没有学员敢上台。

倒是这位"强迫"我认识她的姑娘,大大方方地走上讲台,用略显中性的声音自我介绍道:"我叫秦稀。秦是秦始皇的秦,稀是稀世珍宝的稀。"

接下来她讲述了她为什么要这么拼。

她读的大学是一所专科学校,毕业时,班里长得漂亮的女同学大多选择了结婚;家里有关系、有背景的同学进了国企;不想打工的同学准备考公务员;而她家里上有生病的母亲,下有需要钱上学的妹妹,所以,她不敢任性,只得认命,找工作养家。

"哎呀,说着说着,怎么觉得我像个骗子,骗子骗人时都讲这样的故事。但我确实不是。"她风趣地说。

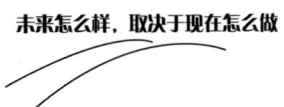

她继续讲下去:"大四时,我和班里两位女生,一起到一个事业单位实习。实习期过后,她俩因表现好都转正了,而我这个笨鸟加丑鸟,却没能留下来。事后我总结了失败的教训,一是能力确实有限,毕竟刚走出校门,没经验嘛。而我那两位女同学转正的最主要原因,一个是长得漂亮,被部门的单身男主管(大领导的公子)看上了;另一个的老爸是某领导的朋友,这个领导没有女儿,就认她做了干女儿。现实就这么残酷。在这个拼爹拼脸的时代,我这个正值青春妙龄、没有颜值的女孩,只有拼命了。因为再不拼命,我就直接挂了。"

她讲到这里,大家都笑起来。

"怎么,你们不信吗?有人说,无图无真相,那我只有现身证明了。大家看到我本人了,标准的黑穷丑,而且不是一般的丑。"(笑声和掌声)

"我不敢照相,在室外照相,我怕光太亮会把我照胖;在室内照相,我怕太暗会把我照黑……后来我发现,并不是相机的问题,是咱个人长相有问题。你长得不美,在何时照、摆什么POSS,照出来都是丑,要承认这个现实。"(掌声代替了笑声)

她越讲越来劲:"我今天说句实话,杨老师确实不认识我,但我认识他。我如果不那么说,就没有机会聆听这么好的课,也没有勇气站在这里讲故事。更重要的是,也没有机会拜杨老师为师。是的,你们猜对了,我要做杨老师的徒弟。"

她说完这句话,把头转向我:"杨老师,您同意吗?"

"杨老师,收下她——"台下的学员异口同声地为她求情。

对于这样一个"拼命强人所难"的女孩,我不同意也得同意啊!这堂课讲完之后,她成了我的徒弟。

我对她说:"虽然你现在没钱,但我不会免你的学费。我收你为徒,是相信凭你闯进我课堂的胆量和魄力,将来肯定会打拼出属于自己的一片天。等你月薪一万时,把学费连本带息还给我。"

她爽快地答应:"没问题。"

收徒仪式结束后,台下响起了经久不息的掌声!

在她的带动下,学员们陆续上台演讲。

几个月后,她是我同期收的几个徒弟中最早上台演讲的,她的开场白是:"你们看到的我,是不是特别自信?别看我体形难看,但我跳的舞很美(说着扭了几下,引来一阵笑声);我虽然五音不全,但我的歌声有激情(说着唱了几句,引来一阵掌声)。"

……

她第一次讲课,课堂气氛非常活跃。

现在的她,已经有一个美满的家庭,每天跟我一样,坐着高铁或飞机外出讲课,场场爆满。

她的微信里,有几十万粉丝。粉丝们亲昵地称她为"榜样女神"。

看,这就是一个敢于拼命的人的工作状态,棒吧!

在这个时代,我们为什么要"拼命"?

因为有时候,即便是有一个有钱的爹,也不一定靠得住。

未来怎么样，取决于现在怎么做

我有一个有钱的姨父，他是我们当地的富豪，在二十年前他就拥有一家有几百号工人的工厂。

我十六岁时，成为全乡第一个开着奔驰轿车的"小少爷"。

那时候，虽然还不流行"拼爹"，但是有一个有钱的"爹"（姨父家没儿子，我爸妈就把我过继给他了）的感觉的确很爽啊。想想吧，你不用费任何力气，不用付出任何劳动，更不用去流汗奋斗，就可以做自己想做的，玩自己想玩的。这么"嗨"的日子，我连做梦都是笑着的。

用文艺青年的话来说就是：我终于找到了自由。

郑板桥有句名言："滴自己的汗，吃自己的饭，自己的事情自己干，靠人靠天靠祖宗，不算是好汉。"终于有一天，我发现靠姨父获得的这一切，就像沙漠里的海市蜃楼，说消失就消失了。

随着我表弟（姨父家的儿子）的出生，我从姨父家回来了。虽然姨父希望我留下，可我还是有自知之明的。

回家后，在父母的鼓励下，我退学一年后重新走进了学校。

为了提高糟糕的英语成绩，我把英语词典背得滚瓜烂熟。虽然现在也忘得差不多了，但是我拼命背单词时那股不顾一切的拼劲，使我养成了不怕任何困难的习惯。

更为重要的是，我在苦学英语时，终于懂得了"凡事要靠自己"的道理，在这个世界上，只要你敢跟自己拼命，就没有什么能把你打趴下。

我第一次登台演讲时，原定有三百名企业家来听课，结果因为

第一章 人生赢家，是清楚自己要什么

员工失职，没有通知到位，只来了三位企业家。

看着空荡荡的大厅，我的助理难过地问我："杨总，要不取消今天的课吧？"

我笑着说："不。这三位企业家专程来听课，已经令我很感动了。我会调整到最好状态来讲这堂课。"

那天的课，我讲得非常精彩，讲课过程中，这三位企业家频频站起来鼓掌。

那堂课之后，我在本市企业界名声大震。我再举办讲座时，能容纳两百人的大厅人满为患，他们大多是第一次听课的那三位企业家介绍来的。

这三位企业家曾当着我的面说："你敢在三个观众面前讲课，说明你是一个真正有才的人；你把课讲得那么好，让我们获得了应有的尊重；更难能可贵的是，你讲课时那种亢奋的状态，有一股'不要命'的拼劲，深深地打动并感染了我们。"

做事情时"拼命"，拼的是个人气质，这种气质能让你的气场变得更强大。

没有什么能够阻挡

你对自由的向往

天马行空的生涯

你的心了无牵挂

许巍的这首《蓝莲花》，是对我们青春的真实写照。

一个人的辉煌成就要在青春时期创造或打下基础。

在青春年华里，我们每个人心中都有美好的梦想，如果你在奋斗时，敢跟自己"拼命"，那还有什么能够阻挡你追逐梦想的脚步？

"我怀念的不是站在事业顶峰万人仰慕的你，而是在青春年华里，你在打拼过程中那一副不顾一切、拼命的傻样子！"

当我们年老时，回忆往昔，能够对自己发出这样的感叹，也算这辈子没有白活。

所以，年轻时为梦想努力拼搏，不只是为了摘取梦想的桂冠，更多的是为了享受为梦想打拼的过程！

02
在穷忙瞎忙时认清方向

一位开公司的朋友经常向我诉苦，说他开公司几年来，始终处于"用人荒"的状态，他的公司常年在各大网站上挂着招聘广告，但就是招不到合适的人。

"每年新闻都报道有几十万大学生失业，可我这里为什么就招不到人呢。"他无奈地说。

我说："是不是你招人的条件太苛刻，或者给的薪资太低？"

他说："还真不是。"

接着，他向我讲了他招人的薪金和条件，我听后觉得他给的待遇在同行业中算比较高的了。更难能可贵的是，他的招聘启事中有一条是：应届毕业生优先。

"我觉得刚毕业的年轻人有梦想、有激情，有一股初生牛犊不怕虎的闯劲，"他娓娓道来，"年轻人在年龄上有优势，有大把的时间成长，我想把有能力的员工培养成公司未来的高管。"

我很赞同他的想法，就向他介绍我曾经的助理小张。

小张毕业于某名牌大学，在学校当过很多"小领导"，一到假

未来怎么样,取决于现在怎么做

期就去做兼职,别看他毕业不到半年,但已经有很丰富的工作经验了。他多次对我说,他的职业目标是大中企业的高管。

2014年年底,小张听过我的课后,提出给我当助理,说想学习一些管理方面的知识,这样更有利于他未来的工作。当时正赶上我工作忙,我就答应了。他在我这里工作期间,我对他的工作很满意,他做事有计划、交际能力也强。几个月后,他因为要准备考试,就辞职了。

朋友听我说小张这么优秀,希望我把小张介绍给他,他想让小张做部门经理。我一口答应下来。

在给小张打电话时,我有点拿不准的是,像小张这么优秀的人,可能早就找到理想的工作了吧。

我抱着试一试的心态拨通了小张的电话。几句寒暄过后,得知他还没有找到合适的工作,我就直入正题,让他先上网登录我朋友公司的网站,了解一下公司的情况,如果觉得可以,就直接跟我朋友联系。小张答应了。

朋友的公司虽是私企,但已经进入中国500强,我相信只要小张好好干,肯定会有前途的。

半个月后,朋友给我打来电话,说小张已经在他公司入职了,向我表示感谢。

这件事让我深有感触,无论是个人找工作,还是公司招员工,要想双方都觉得合适,真的要在对的时间遇到对的人,就像找结婚对象一样。

几个月后，我有事给朋友打电话，顺便问起小张的事。朋友说，小张在他那里干到第三个月时，就以"家里让他回老家发展"为由辞职了。

"在试用期，我就让他享受了正式员工的待遇，并承诺，只要他做得好，半年后就提升他做部门经理。可年轻人的心太浮躁，等不及啊。"朋友无奈地说。

我安慰朋友，说小张兴许真回老家了，在北京生活和工作，压力确实很大。

事有凑巧，年底我到小张老家所在的城市出差，为一家企业的员工做培训，忙完工作后，我突然想联系一下小张。

他在电话里告诉我，他目前还在北京，正在找工作。不等我问，他就说起了离开我朋友公司的原因。他说，其实那家公司各方面都不错，唯一的缺点是工资低，而他做的工作又人繁琐，每天忙得没意义，让他觉得自己有点大材小用。

接着，他罗列出在北京的各种花销，并说："公司也不给配车，坐地铁出去谈业务是不是有点寒酸？我的同学大多在国企和外企，在国企的有大把的时间忙自己的事业，在外企的可以安心赚钱。我待在那种私营公司，一个基层小员工，不知道何年何月才能升到高管。到头来，钱，钱赚不到；时间，时间耗费了。太憋屈了，我这不是浪费青春吗？事业对于男人来说很重要，我不能草率对待。"

听了小张的话，我竟无言以对，他的话或许有点道理。但仔细

未来怎么样，取决于现在怎么做

想想，又觉得哪里不对劲。他说未来的志向是高管，却一直纠结工资低、工作繁琐，还不时与同学攀比。

实际上，一个清楚自己远大志向的人，在工作中是有目标的，他会把全部精力用在工作上，哪有时间胡思乱想、患得患失？

我经常听到一些年轻人抱怨工作难找，而找到工作后，又抱怨工作太累，害得他们没有时间去实现自己的梦想。

但你有没有想过，很多时候，你眼中的事业和梦想，是要立足于现实的。任何一个梦想要开花结果、落地生根，都是离不开现实的强力支撑的。

如果你没有良好的家庭背景，那么你就得靠自己，而工作，则不失为实现梦想的最好途径。

你能被一家公司选中，说明你在某方面还是有价值的。你之所以没有做好工作，是因为你的志向很模糊，导致你的努力极其盲目。

你每天疲于奔命，没有时间思考：自己的工作方向是正确的吗？

如果你没有方向，那么你就是在坚持一个错误，再苦再累再忙碌也没有意义。

你最该做的，是想清楚自己的战略和方向，有了方向，你在工作中就不会瞎忙，更没有闲心与周围的人攀比。

几年前，N 和 M 一起从某名校毕业。两个月后，N 找好工作入职时，M 还在几家大公司之间做选择。

M、N 和小张的想法一样，想趁着年轻，找一份有助于实现事业梦想的工作。他们的梦想是创业当老板。

M 在一年后，终于找到理想中的工作，可是没到一年就又换了。他说一旦工作起来，就会发现这份精挑细选、好不容易得来的工作，与想象中大不一样，干着干着就厌了，做着做着就倦了，一着急就任性，然后就会辞职。

M 辞职后，因为知道工作的枯燥乏味，再找工作时比第一次更挑剔。几年下来，他有工作经验，经历也不少，终于在一家大公司稳定下来，现在是中层管理人员。而 N 呢，早已经是公司老总了，他就是我前面提到的那个为招聘员工而发愁的朋友。

N 在谈到他当年找工作时说道，他当时就想找一份工作来锻炼自己。他听说销售最锻炼人，就奔着这个工作找。开始时确实吃了不少苦头，而他同学的工作都比较好，纷纷劝他转行。但他想："我未来的志向是当老板，这点苦算什么，我在这里不能把自己当员工。"

有了奋斗的方向，他不再同任何人攀比，并把工作中的压力化为动力，在做出业绩后，公司给他升了职加了薪。再后来，他觉得自己有能力单干了，便辞职创办了公司。

世界上最快乐的事，莫过于为梦想奋斗。但梦想的成功，需要自己去经营。加缪说，对未来的真正慷慨，是把一切献给现在。所以，从现在开始，为你的工作做个规划，定个方向。

有了方向，你做什么工作都不会盲目，更不会有那种"这山望着那山高"的心理，这就好比行驶在大海中的船，如果没有方向，任何风向都是逆风。当你在工作中有了方向，有了明确的目标时，你的努力就不会白费。你会在坚持的过程中，等到助你前行的"风向"，然后送你快速到达终点。

03
在擅长的领域豪赌一把

有个叫梅的女孩,听过我几次课。她听课时非常专注,认真做笔记,为了把笔记整理完整,经常下课后向我请教。

一次偶然的机会,我看到梅的笔记本,感到很惊讶。在我教过的学员中,还真没有人能做这么漂亮整洁的笔记,一条一条地总结得非常到位,特别是她所用的文字,既有文采又带有灵性,一如清秀的她,给人感觉非常舒服。

我忍不住赞叹道:"你的文字很有感染力,适合做文字方面的工作,比如编辑、文案或是广告策划。"

她惊喜地问:"老师,您觉得我能胜任这些工作吗?"

我说:"当然了,企业需要专才,你可以在自己擅长的领域专攻长项。"

她却有点落寞,说道:"杨老师,不瞒你说,我现在在一家出版机构做文字编辑,试用期三个月,这个月是最后一个月,可我的工作一直得不到主任的认可,我有可能被辞退。唉,我真怀疑自己的能力。"

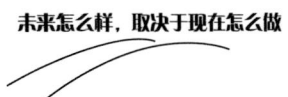

听了她的话,我让她详细讲一讲自己的工作内容。

她点点头,忧郁地向我讲了起来。

她是学中文的,毕业前就联系了这家公司,大四时还为这家公司做过兼职校对,因为做得不错,公司才想让她毕业后来公司实习,如果能力强,三个月后就能转正。

正式上班后,她对工作充满新鲜感。部门主任问她擅长哪方面的工作,她说中学时发表过散文,大学时帮亲戚写过广告语,在朋友的公司做过总经理助理,为某出版社校过稿子。听了她的话,主任在给她派活时,就有点杂,比如,有编辑忙不过来时就让她帮着校稿,策划部门的同事写宣传语时也会让她帮忙,主任有事不在时会让她帮忙接电话或接待客人。

三个月下来,眼看着和她一起进公司的同事,做编辑的做编辑,当发行的当发行,都有确定的方向,并小有成绩。只有她,一直处于无所适从的状态,不知道自己该干什么。

她讲完后,我跟她说:"你在这几个月中做的工作,没有一项是你的长项。你应该找领导谈谈你的想法。"

"我找主任谈过,主任说和我一起入职的同事,都是有经验的老员工,在以前公司就是编辑或发行,所以,工作起来上手快。"

我劝她先好好分析一下自己,看看自己在哪方面更有才华一些。职业,需要的是专才,而不是什么都会一点儿的"通才"。

她听后,想了半天才说:"我觉得自己创意比较好,就是说点子比较多，有时我脑子里会很自然地冒出一些广告词来。"

我建议她再找主任谈谈，想办法在策划编辑这方面发展。

她有些气馁，说："可我没有这方面的经验啊。我们策划部的编辑，牛得很，他们在策划一本书时，会事先凭直觉推测出这本书的市场销量。"

我说："直觉这东西，是一个人经验的积累。你只要在擅长的领域实践多了，再加上不断地学习，当你把工作处理得越来越好时，处理事情的过程就会成为你身体里的一部分。随着你处理的事情越来越多，它们就会自然而然地形成经验，然后变成你无法拒绝的直觉。"

看她仍然犹豫不决的样子，我向她讲述了我的经历。

在我上大学时，就对媒体这一行充满了兴趣。毕业后，我在一家报社担任实习记者，那时我对工作的认真和勤奋，连我自己都感动。但是，我的工作效率却不高，反倒是那些没有我勤奋的同事，别看花费的时间比我少二分之一，却能把本职工作做得很出色。

后来，一位企业家的一番话，让我重新认清了自己。其实，我真正的才华并不在写新闻稿方面，我好像更擅长与人沟通，比较适合做销售。所以，实习结束后，我没有选择做记者，而是去做了销售。

那天我同她谈过话后，她一回公司就去找主任谈了自己的想法。主任答应让她到策划部门去试试。之后，她便隔三差五向我汇报她的工作情况，包括她遇到问题时的处理方式。

到她入职第四个月时，她兴奋地告诉我，她转正了。

未来怎么样,取决于现在怎么做

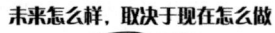

我们生活的时代有很多前所未有的机会,如果你有雄心,你了解自己,又不乏智慧,那么不管你从何处起步,都可以沿着自己选择的工作,登上事业的顶峰。

我有个同学,家境不好,大学毕业后,因为着急赚钱,匆匆忙忙找了一份工作,并且一干就是十多年。虽然薪水一直在涨,职位也不低,但他经常有一种莫名的失落感。因为当他干到第六年时,无论他怎么努力,都无法突破自己,而且还有几次严重的失误,差点给公司造成不可挽回的损失。

有一天,当他路过一家转让的餐厅时,萌生了想开一家餐厅的念头——这曾经是他上学时的梦想。

作为一家大企业的中层干部,在人到中年时却选择开小餐馆当个小老板,这让所有认识他的人感到震惊,都担心他做不好。但事实证明,拥有十几年管理经验的他,把餐馆经营得风生水起。

他感慨道:"每一个人在找到自己的独特才华之前,都要有一段摸索的过程。倒是那些聪明的人,会根据自己的特长,一开始就定下志向,这会让他们少走很多弯路。"

一个人只有深入了解自己,才能选对最适合自己的舞台,走出一条属于自己的路,尽情地发挥自己独特的才华与能力。当然,并非所有人一开始就能够把自己放到一个适合的位置,但这有什么要紧的呢?

美国的华盛顿总统曾经干过验货员,毛姆在成为小说家之前习医,史怀哲在赴非洲行医之前是神学院的教师。这些梦想成真的人，在找到自己独特的才华之前，都有过一段摸索的过程。

一个人只有发现了自己的独特才华，才能在对应的位置上做出有价值的事情来。虽然什么时候都不晚，但如果你早一点认清自己，知道自己的特长，早点立志向、定目标，那么就会更快地找到合适的工作，工作起来也会更有干劲儿。

04
把你的级别定为业界"大佬"

K是位有理想有抱负的"90后",他的志向是做广告界的"大佬",他要让自己设计的广告走出国门,走向世界。

目前,K在一家外企做广告方面的工作。起初他做得不错,他设计的一则广告还获过奖。可是最近两年,他在广告创意方面没有任何起色。

他感到很苦闷,于是在微信上向我求助:"杨老师,我对现在的公司极为失望。我准备跳槽了,到时让这些没有眼光的老总们后悔去吧。你能指点我一下吗?我换工作是做管理方面的工作,还是继续搞我的设计呢?"

原来,K是学工商管理的,硕士学位,平时工作也努力,属于踏实肯干的员工,曾一度是公司重点培养的骨干,他对自己也信心满满。可他来公司三年多了,还是一个小主管。那些能力不如他的同事都升职了,有的比他职位还高。

我听他讲了经过后,帮他分析了一下,说:"你的长处其实不在管理方面,而在设计方面。公司当初提拔你为部门主管,就是因为你设计能力强，意在激励你。人的精力是有限的，你把精力用在管人上，总想着升职，导致你无法更好地发挥你的创意能力了。也就是说，不是你能力不强，而是你把能力用错了地方。"

他想了想，认为我说的有道理。就问我："那我不用跳槽了？可我又不甘心在这里当一个没有头衔的小员工。那样出去多没面子。"

我说："那就别把自己当员工。"

他一惊，问："你是说让我专心做管理？"

我解释道："你的梦想是在设计方面有所成就，所以你可以利用公司提供的平台，最大限度发挥你的才能，在设计领域展示你的才华。记住，当你在工作中为你的梦想努力时，不要去想自己是员工还是领导。如果实在觉得委屈，就自己花钱印个名片，上面写上你想成为的头衔。"

他听了笑起来。

他没有换工作，顶着小主管的头衔，充满激情地投入到自己的工作中去了。

"万事的根源皆在自己，事情没有做好，多在自己身上找原因。"这是我刚做销售时，我的师傅跟我说的话，"做同样的工作，想想你的同事怎么就能做好。"

我刚做销售时是上门推销洗发水，因为没有经验，十次有九次被拒之门外。为此，我抱怨过。

"同事学历没我高，却拿着比我高几倍的工资，还不是因为运气好。"

未来怎么样，取决于现在怎么做

"同事的业绩是我的两倍？这也太离谱了，其中一定有猫腻。"

"人与人的能力怎么会有这么大的差别？我做得不好，是不是不适合做这方面的工作？"

"此处不留爷，自有留爷处。我的梦想可是自己创业做大老板啊。"

那时，我像一头刚出生的小牛犊一样，骄傲无比，一怒之下，就准备辞职走人。

带我的师傅没有挽留我，而是说了上面的话。

"正是因为我咽不下这口气啊。"我说，"都是一起来的员工，都辛辛苦苦干一个月，我却赚这点儿钱。"

"你干吗把自己当员工？"师傅说，"我看你平时跟我们说话伶牙俐齿的，讲到你将来创业当老板，更是一套一套的。你把这套本事用在对付顾客上，就算你十次有九次吃了闭门羹，一百次中也有十次成功的机会。"

一向说话不饶人的我，一时无话可说。

"你连做好本职工作的能力都没有，还创什么业？对待这份工作你连六分的能力都没有使出来，就轻易下定论，说自己在这方面没有能力。你不用十分的能力做好手头的工作，就永远找不到适合你干的工作。"

师傅的话让我醍醐灌顶，我决定改变工作方式：师傅说得对，我干吗把自己当成员工呢？面对顾客时，我不是推销员，我是老板，是负责研制产品的技术员，是为顾客雪中送炭的人。我要让他们先相信我这个人，先享受我最好的服务，再使用我的产品。

第一章 人生赢家，是清楚自己要什么

观念一转变，我再上门推销时，不再战战兢兢，不再自卑，而是落落大方、面带微笑地向顾客问好，被拒绝后仍然会微笑着说"谢谢"。

两个月后，我凭借自己的勇气和毅力，终于有了自己的客户。

有时候，我们不是没有工作能力，而是把能力用错了地方。解决该解决的问题，这是一个连小孩都明白的基本常识，可在现实工作中，不少人却偏偏忽略了这个常识，结果一天从早忙到晚，该做的没有做，不该做的事情倒是做了一大堆。

很多人确实有才华，也很努力，可总是无法做到最好，于是就抱怨自己怀才不遇，事实上，你只是被放错了地方。

我的徒弟小林，是典型的"富二代"，用他的话来说，是"拼爹"一族中最高规格的富家公子。高考时，他以优异的成绩考上了重点大学，他的土豪老爸却认为他的才能需要中西合璧，于是，花高价送他到国外镀金。他回国后，父亲又给他几十万元，让他实现自己的梦想：创业开公司。可不到一年，他就把父亲的钱赔了个血本无归。

父亲相信他的能力，说要继续追加投资，他不干了。他找到我，说："杨老师，我发现我这个人才啊，一旦被放错了地方，就是垃圾。我说的垃圾，不是说自己一钱不值，而是说我所在的环境压根就跟我的才能无关。我纵然有用武之力，但无用武之地，是'锅台上跑马，兜不了多大圈子。'看来我不适合创业，我想向你学习，做一个讲励志课的大师。"

未来怎么样,取决于现在怎么做

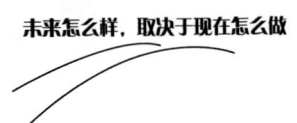

于是,他来了我的公司。

我对他说:"你可想好了,跟着我干,一是没有你创业时自由;二是薪金待遇这方面,是跟业绩挂钩的,底薪很低。"

他嘻嘻哈哈地说:"我当然知道,在你这里,我小林凭的是能力啊!"

说实话,我并不看好这个留过洋、创业失败的富家子。别看讲师在讲坛上滔滔不绝,貌似很风光,但四处出差的艰辛和疲惫,不经历的人是难以想象的。先不说在讲课时既要传授知识,又要笑谈人生,单是为了赶火车或飞机,经常饿肚子这件事,就是一般人难以接受的。

刚开始时,小林趁着新鲜劲,每天劲头十足,可一个月下来,他的兴致减了很多。他私下里找到我,说:"杨老师,我算是彻底明白了,没有人能随随便便成功,成功的人不仅仅是能力用对了地方,付出的汗水和辛苦也是常人的几倍啊!"

我早料到他要放弃,正要劝他,他又说了一句:"好在我的能力就得用在这里。你说得对,要拿出不把自己当员工的劲头去拼一把。"

接下来几个月,小林就像火箭一样,从一上台就紧张,到在台上挥洒自如;从讲课时不敢唱歌,到讲到尽兴时就扯着五音不全的嗓子深情地抒发……他在课堂上一天天成长着。两年后,他成为跟我一样、拉着皮箱穿梭在各大城市讲课的、行踪不定的"飞人"。他的课堂上最多时有四五百人,并且场场爆满。

对于自己的成长，小林自嘲道："我先给自己定位为'大佬'，在成为'大佬'前，要通过四关。

"这四关是：

"第一关，把你想要的职位在图上画出来。比如，'我将来要成为大讲师'，列出自己'现在'的位置，把到达目标要经历的所有阶段都标示出来。

"第二关，找出目前老师最看好的徒弟，他们以前有什么背景？因为什么才能与历练才被提拔到现在的位置？当然，这要花些时间研究，可以看公司以前的资料，或是找老师、同事来了解。要注意的是，对同事描述的夸张部分，要谨慎查证。了解后，写出自己跟他们之间的差距，再把自己目前的位置当成起点，把到终点需要经历的关口都画出来。

"第三关，思考。想想看，自己跟他们有多大的差距，要怎样做才能追上他们，然后为自己找出各种方法。

"第四关，花些时间，找出自己的优势，再找到自己以后要努力的方向。此外，也建议你顺便想想，投入这些努力是否值得？很可能当你列出自己需要培养的各项能力时会很吃惊，因为你要付出巨大的努力才能达到，但只要方向正确，努力与回报是会成正比的。"

毕竟努力终究还是要用对地方，而不是闷着头苦干。

落叶放对地方，就是养料；废纸放对地方，就是资源，人也一样。天生我材必有用，如果你觉得自己一直很努力，但却没有获得期望中的成功，那可能就是因为你的努力用错了地方。

未来怎么样,取决于现在怎么做

选择最适合自己的舞台,走出自己的路,然后尽情地施展你的能力,那就是你成功的位置。

在这个世界上,每个人都拥有独特的能力,这些能力像金矿一样,埋藏在我们平淡无奇的生命中。一个人是否有幸挖到这座金矿,关键看能不能脚踏实地去做,能不能早一点看到自己的能力,所以,你光有能力是不行的,还要学会充当自己的伯乐。当你选择一份工作后,不要急于否定自己,认真去做,当你尽了全力仍然做不好时,再换其他工作也不迟。

05
带着伤痕跑向目的地

风光的背后,不是沧桑,就是肮脏。

如果你想风光快乐地生活,就得努力打拼。

耿扬是我的初中同学,是名副其实的"官二代",他生活在一个富足奢华的家庭里,所到之处,人人奉承恭维。

耿扬对我说,自己不是高尚的人,也贪恋父亲靠着官职带来的"奢华"生活,可不知道为什么,当他看到每天穿梭于他家的那些人时,和母亲一样,心里会感到极度不安。

父母离婚时,他上高一。他不顾所有人的劝说,毅然选择跟着当小学教师的母亲生活。他们母子住在一幢老式居民楼里,两室一厅,不到六十平方米。

他说,这简陋的房间,是他小时候和父母共同生活的乐园,那时父亲还是一个普通工人。小时候的他,做完作业,就等着父母下班回家。

这些年来,虽然父亲的职位越来越高,他们住的房子越来越大,但他们一家人相亲相爱的日子却一去不复返了。父亲先是晚归,接

未来怎么样，取决于现在怎么做

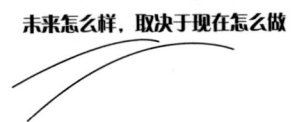

着是不回家，再后来专门为他们母子买了大房子。

他和母亲坚信"天下没有免费的午餐"，所以都拒绝住进那栋大房子。

耿扬大学毕业后，在一家公司做推销员，每个月底薪不到两千元。当时，他母亲因病住院，他一边忙工作，一边照顾母亲，还要想办法借钱。有时，他一天只能睡一两个小时，困到走着路都能睡着。

亲戚让他去找当官的父亲帮忙，他拒绝了。他说，每个人都有一段时间特别难熬，关键是如何让自己熬过去，过程比结果更重要。

耿扬最艰难的日子，是在母亲出院后。为了做到工作和照顾母亲两不误，他每天早上四点半就起床，一边洗衣服一边背书，六点开始准备母亲的早餐。直到现在，他还保持着四点半起床读书的习惯。

每一个强大的人，都曾咬着牙度过一段没人帮忙、没人支持、没人嘘寒问暖的日子。过去了，这就是你的成人礼；过不去，求饶了，这就是你的无底洞。

后来，耿扬父亲贪污受贿的事情东窗事发，表面的繁华全部烟消云散。这时的耿扬，已是某合资公司拿着百万年薪的高管。

有一次他去看望父亲，父亲语重心长地对他说："孩子，记住，如果想做一个幸福的人，就得靠自己去打拼。生活对每个人都是公平的，不要妄想不劳而获，拿别人的早晚是要还回去的。"

人间正道是沧桑。要想活得安心快乐，就得自己去创造幸福。不要嫉妒别人成功后的繁华生活，你看到的是他们的光鲜亮丽，但他们所受的苦，只有他们自己知道。

第一章 人生赢家，是清楚自己要什么

给自己一个目标，会让你的奋斗有方向，这个方向，能带领你走向你想要的生活。

"如果一切重来，我还愿意做那个住在简陋房间的小男孩，等着辛苦打拼的父母回家。"

耿扬如是说。

有些伤痕，不仅有利于我们维持心理平衡，而且有利于我们实现人生更远大的目标。

加缪说，重要的不是治愈，而是带着病痛活下去。

在人生的道路上，我们想要超越自己，就要对自己"狠"一点。

十几年前，我做业务员的时候，有一年我给自己定下的目标是：在一年之内拿到一百万元的订单。

我的左腿有残疾，里面放了一块钢板，每到刮风下雨的时候，就会疼痛无比。

为了激励自己，我在本子上写道：一勤天下无难事，两脚踏出万两金。

这句话，让我不敢懈怠，让我不敢消极。

那一年冬天，我到山东的莱芜出差，当时下着鹅毛大雪。

因为没有钱，我住的是最便宜的招待所。那个招待所阴暗潮湿，墙壁上都长毛了，外面冷，屋内更冷。我残疾的左腿，在这样的环境中异常疼痛。在那个冰冷潮湿的漫漫冬夜，腿痛难忍的我，一夜未眠。

第二天，我咬牙买了一个电热毯，想用热量来缓解疼痛。没想

到,电热毯不仅没有减轻我左腿的疼痛,反而使我的膝盖也被感染,难忍的疼痛变成了剧烈的疼痛。

我当时真想请假回家好好休养几天。但我知道,如果请假,这次出差就白来了。于是,我忍受着腿疼,按照原计划,有条不紊地工作着。那一年,我不但提前完成了一百万元的订单,而且还比原计划多开发了几个客户。

有一句话说,你看到了目标就看不到障碍,看到了障碍就看不到目标,如果你把自己定位为一个推销员,那么你可能只会推销,但如果你把自己视为一个爱的传递者,那么你就能传递友爱和热情。

我们只有明白这个道理,给自己定下目标后,才能更有热情地工作。

李嘉诚是世界知名企业家,堪称商界的不老松、不倒翁,取得了巨大的商业成就。如今八十多岁的他,致力于慈善事业,累计向全球捐款超过100亿港元。他的父母亲并没有留给他任何遗产,但是他至今仍非常感激父母。

法国前总统希拉克在接见李嘉诚时,李嘉诚曾提到他的精神偶像,说他的父亲是他的精神偶像。

李嘉诚14岁时,他的父亲就离他而去。因为没有钱,李嘉诚无法继续上学,只能辍学打工养家。

虽然父亲没有给他很好的物质条件,但却给了他志气。父亲临终前问他:"你有什么要跟我说的吗?"李嘉诚含着眼泪说:"父亲,你相信我,我一定会让咱们家好好地过"。

第一章 人生赢家，是清楚自己要什么

让家人过上好日子，成为他的奋斗目标。

在这个目标的驱使下，他每天要工作16个小时以上，此外还要自学三四个小时，每天只有三四个小时的睡眠时间。因为睡眠严重不足，三个闹钟才能把他叫醒。他后来回忆说，正是"能够更好地支撑这个家，能够让家人生活得更好"的目标，才让他不管多累，都能坚持下去，也正是凭着这样的志气、这样的梦想、这样的执著和坚韧，才成就了他的今天。

在现实生活中，有很多人抱怨自己的家境不好，恨自己没有生在一个有钱或有背景的家庭。但是你有没有想过，如果你的生活没有目标，即使给你一个亿，你也不会开心的！

但如果你有明确的目标，那么你就会抓住每一个机会去实现目标，即使在实现目标的过程中跌得头破血流也在所不惜。

人的思维不同，表现出来的行为也会不同。如果你想让自己的人生过得有意义，那就为自己树立明确的目标吧，它将成为你的指路明灯，照耀你一路前行。

06
人生赢家,是清楚自己要什么

85后的K是美院的高材生,一毕业就到我的公司来做销售了,到现在已经五年了。他从刚开始一个月连一盒鞋油都卖不出去,到后来成为集团的销售冠军,用了两年时间。

在这两年里,他奔波于全国各大城市,以开发新客户。每到一座城市,他都住最便宜的旅馆,每天一大早就到街头给路人免费擦皮鞋。他擦皮鞋的技术堪称一绝,在为顾客擦皮鞋时,他从来不推销产品,而是找顾客喜欢的话题跟顾客聊天。

等他帮顾客擦完皮鞋,顾客看到鞋擦得那么亮,便会顺口问是什么牌子的鞋油。这时,他也不会夸夸其谈地推销产品,只是把鞋油的性能介绍一下。有的顾客会买几盒,有的顾客一盒也不会买,对此他也不会生气,只有一个要求:留下他的联系方式。通常,很多顾客不久后就会给他打电话。

就是以这样的方式,他的销路打开了,好的时候,他一天能卖上千盒鞋油。

有一次,他的一位画家顾客看他工作能力强,就有意挖他去自己的公司，承诺的薪水比他现在高很多，而且专业还对口，每天也不用奔波劳累。

K听了微微一笑，说："不去。"

画家说："你图什么？在我那里工作，风吹不着，雨淋不着，又体面，收入又多。"

K说："在您那里，我是高薪员工。而在这里，是我实现人生梦想的地方。我从小就希望能靠自己的能力和智力征服工作。天下没有辛苦的工作，只有不会工作的人。我工作辛苦是因为我处理事情的能力还不够强，如果在这里不解决，跳到别的公司照样会面临这个问题。"

K的话让画家赞叹不已，K之所以做得出色，是因为他清楚自己想要的是什么。

而有些人，到了三十多岁却还不知道自己要什么。我见过不少面试者，才30岁出头，却有五六份工作经历，每份工作多则三年少则一年。到三十多岁了，却不得不回到起点，从一个初级职位干起，拿着初级的薪水，和20岁出头的年轻人竞争，还不一定能竞争得过他们。

十几年前，我在某报社做实习记者时，认识了L和C。他们和我一样，也是来报社实习的，只不过比我早来一个月。那时，我对这个职业感到很新鲜，每天像打了鸡血一样兴奋。

带我们的师傅姓雷，四十多岁，是采访部的主任，在业内小有名气。

雷主任的做事风格也像他的姓氏一样，雷厉风行。他对我们要求非常严格，如果没有达到他的标准，他会毫不客气地让我们反复修改，所以，为了完成一篇让他满意的采访稿，我们经常熬夜写采访提纲，整理采访稿。

在他近乎苛刻的监督下，慢性子的我竟然改掉了拖延、犹豫不决的坏习惯。

"老雷真没有人性，他也不想想，就咱们这点工资，恐怕连他的零头都没有，却让咱们在工作上向他看齐，真是太不近人情了。"每次加完班在回宿舍的路上，C都气愤地向我和L控诉雷主任的"罪行"。

"不要向我讲你们的难处，你们刚走出校门，啥也不懂，报社为你们提供锻炼的平台，教你们谋生的本领，不收学费已经够意思了。我不要求你们对报社感恩，只希望你们把握住这个机会，尽快学到你们想要的本领。实习期满后给我走人。"

雷主任好像觉察到C的不满，一看到我们三个人在一起小声说话，就会过来训我们几句。

有一次，雷主任说要带我们去采访一位世界五百强企业的老总。临去的前一天晚上，他才通知我们准备采访提纲，并说："时间有点儿紧，也可能用不上你们写的提纲，但我还是希望你们认真写。"

听雷主任说已经准备好了采访提纲，而且不会像以前那样逐字逐句看我们的提纲了，C向我们抱怨道："老雷这不是折腾人吗，提纲可能用不上，咱们还写个什么劲。你们想写就写，反正我不写了。"

在这几个月的时间里,我和 L 在雷主任的调教下,已经养成了凡是他下达的工作指示,就无条件服从的习惯,所以认真写了采访提纲。

事情果真如 C 所料,由于那位企业家点名让雷主任单独采访,我和 L 连夜赶出来的采访提纲自然作废了。

雷主任回来后,把那位企业家的采访稿交给我们整理,要求我们根据原始资料,写成一篇 5000 字的人物专访稿。因为资料很少,对方又事先声明不能增加任何不是原意的内容,所以我们写起来很是吃力。

C 像以往一样一边抱怨一边整理。这篇采访稿我们根据雷主任的标准改了五次,又按照那位企业家的意思改了很多次,到最终定稿时,C 愤怒地表示,这种破工作不是人干的,等实习期一满就转行。

但正是这篇"难产"的采访稿,改变了我们三个人的职业生涯。

原来,这位白手起家的企业家虽然只是小学毕业,但他总结的成功经验简洁、凝练、到位。他说:"无论你干什么,都要先想清楚自己要什么。"接着,他讲了人一生中的三个奋斗阶段。

第一个阶段:30 岁以前。这是年轻人打拼事业的关键阶段,在这个阶段,你要明白自己不是为了赚钱打工,而是为了理想打拼。不要怕吃苦,不要轻易跳槽,要静下心来,一心一意做好本职工作,提高自己为企业赚钱的能力。为公司赚的钱越多,说明你学到的本领越大,在以后的工作中你就会更有信心,更有激情。

第二个阶段：40岁以前。这是一个人创造力最旺盛的时候，不管你是继续在公司上班，还是选择创业，仍然要把主要精力放在提高工作能力和管理能力上，这些能力，远比你手中握有的金钱重要得多。要相信，你的努力会让你获得应有的回报和成就感。

第三个阶段：40岁以后。通过长时间的奋斗，你在某些领域已经小有成就，或是成为公司管理层，或是自己的公司发展越来越好。你在享受艰辛打拼得来的丰硕成果的同时，依然要保持锐意进取的精神，继续学习，与时俱进，这样才能与公司同呼吸共命运。

C看过这三条后，大为恼火，认为所有企业的领导都是在给员工洗脑，以便让员工拼死拼活地为他们赚钱。

"我们不趁着年轻为自己赚钱，到老了喝西北风啊。"他决定实习期一满就跳槽。

我在看过这三条后，坚定了自己做销售的决心。

L的想法跟我不一样，他要想办法留下来，哪怕不给他转正，他也要想办法留下来学习经验，等做出点成绩再走。他说："实习的地方给我提供了这么宽松的发展平台，都没有我的立足之地，再换个地方，我也很难做出成绩来。"

我离开时，L和C都转正了。

2015年夏天，我的助理告诉我，北京一家中型企业的老总，点名让我给他公司的员工做培训。当我看到那位老总的资料时，很意外，竟然是L。

和 L 见面后，他告诉我，他在那家报社干了八年，这八年间，他从一名实习记者一路升到总编兼广告部副总。

L 说："我出来单干，全靠在报社时学到的能力、积累的人脉。我现在仍然在报社挂着名誉顾问的虚职。"

他又提起 C，说在他的分公司担任副总经理。

原来，C 在报社待了不到一年，就跳到一家大企业做业务去了，之后就没了联系。事有凑巧，两年前，C 把简历投到他这里来了。

L 从 C 的简历中得知，十几年间，C 频繁跳槽，换了十几家公司，在每家公司待的时间长则一年，短则不到一个月。期间他也尝试过自己创业，但也没能坚持下来。

"他简历上要求月薪七千，我给了他一万。"L 说，"我并不是同情他，而是我和他共过事，了解他，觉得他在业务方面还是有能力的。我想让他在我这里稳定下来，只要他做得好，我会继续为他加薪。在我心里，已经给他定了薪水的最高额度。"

L 是做管理的，可以说是阅人无数，自然懂得根据员工的需求来调动其工作的激情，尤其是像 C 这样需要用物质来激励的人，他知道什么时候应该给 C 加薪。

或许是 C 认为 L 给的薪资合理吧，在 L 那里干得不错，也没有要走的意思。能够把 C 这样有些能力，却爱频繁跳槽的员工留下来，L 确实是一位不错的管理者。而他的管理能力，都来自他在工作中的经验和心得。

他说："我是受了雷主任和那位企业家的启发，不管做什么，要先想清楚自己想要什么。我小时候的志向是当老板，我选择当记者，

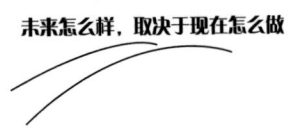

是因为这个行业能认识高端人才。"

当年 L 和 C 转正后,L 为了又快又好地完成工作,在业余时间报了学习班,他觉得,只有不断学习,不断更新知识,才能更有效地应对日益复杂的职场问题,才能更高效地处理高难度的工作问题,才可能比别人成长得更快,比别人更有效率。

L 成功创办自己的公司时,C 正在跳槽的路上艰难地奔波。

其实,职场的曲线跟人生的曲线一样,是曲折向上的,虽然偶尔会遇到低谷,但只要你清楚自己要什么,在做事情时,就不会被无关紧要的诱惑分散心神,就会有计划、有目标地稳步前进。即便是压力来临,你也能够及时化压力为动力,安稳地渡过难关。

第二章 职场好运,来自日积月累的修炼

未来怎么样,取决于现在怎么做

07
微信圈里的"僵尸"们在忙啥?

前段时间,我与一个90后忘年交一起用餐,从我们坐下点餐到吃完离开饭店,他始终左手不离手机,双眼不离手机屏幕,脸笑成了一棵"忘忧草"。

"人生中最有意义的事情,莫过于刷朋友圈时,看到这帮熟悉的哥们儿酷酷地装×。"他向我感叹道。他右手拿着筷子夹菜,左手手指熟练地在手机屏幕上滑动着。

"哇,不会吧,徐小东竟然创业成功了?"他眼睛发光,"我严重质疑这件事的真实性。论出身,他没有我好;论智商,他没有我高;论情商,他更不能跟我比。如此一个一无是处的人,为什么混得比我好?"

"徐小东创业成功"这件事,显然对他打击很大,他放下筷子,给一个朋友打电话确认后,看着我不无失落地说:"没想到居然是真的。这小子土得不像我们同龄人,居然出息了。"

我问过之后,才知道徐小东是他的高中同学。

徐小东是个书呆子,成绩一般。高考后,徐小东进了一所专科学校学管理。

"这小子不爱玩 QQ、微博、微信，虽然我们是好友，但却从不见他发任何动态，关于他的消息，我们都是从他的好朋友——我们的高中同学那里知道的。"

"你知道在你眼里平庸的他，为什么会变得有出息了吗？"我问。

他摇头。

"因为他自制力很强，能控制自己不刷朋友圈。"我回答。

朋友圈是这个时代最缤纷色彩的世界，它让我们足不出户，就能窥探到熟悉或不熟悉的人的生活现状，不管他们的生活是经过美化的、过滤的，还是原汁原味的，都不影响我们津津乐道地看个不休。

每个人的时间是相同的，每个人对待时间的态度不一样，收获就不一样。

如果一个人能控制自己不刷朋友圈，那么这个人很了不得。一个人有微信，却没时间发状态或是关注别人，那他除了在忙比刷朋友圈更重要的事，就再没其他理由了。

由于工作关系，我朋友圈里的朋友很杂，有交往多年的朋友，有行业内的朋友，有学员，有员工，有在活动中只见过一面的熟悉的陌生人……

按照他们发在朋友圈的信息，我把他们归为以下几类：一类是同行业中的朋友，他们的微信是为企业和企业的产品做宣传的；一类是做微商的，经常发些商品广告；一类是"随意"型，想起什么发什么；一类是纯属浪费时间型，他们把每天的一举一动，包括吃喝玩都

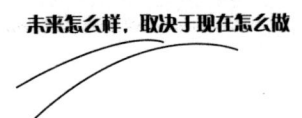

发在朋友圈；最后一类是有微信号却啥也不发，人称"僵尸"。

别小看这些"僵尸"，他们真的是把刷朋友圈的时间，用在了更重要的事情上。

一年前，微信朋友圈很活跃的朋友A，突然"失踪"了。并不是联系不上，而是他不在朋友圈里发任何消息了。

他是一家广告公司的设计师，喜欢在朋友圈里转发一些经典的广告词和极富创意的图形等。

有一次，我在微信上给他留言，问他最近怎么样。

对我的信息每条必回的他，在一周后给我打电话。

他对我说："杨哥，以后有什么事情就电话联系，我几乎不上微信了。"

"哈哈，你是不是升职了？"我问。

他回到道："算是吧，公司进行了大洗牌，我现在是部门总监，领导让我赶快招聘优秀的设计师。我要一边完成我的学业，一边招聘设计师，还要维护好跟客户的关系。"

"完成学业？"我很吃惊，"你什么时候开始上学的？"

"一年前我报了一个产品设计师进修班，周一至周五晚上上课，周六日白天上课。"他感叹，"你还别小看这课外培训班，好好学习的话，让人受益匪浅。"

"确实是受益匪浅。"我附和道，"一年下来，你都当上部门总监了啊！"

"朋友圈是一个比拼颜值的舞台,我人丑就得多读书。"

J是一个普通的90后女孩,是那种放在人群里看不到的类型。

几年前,在她还是一名大四的学生时,曾到我的公司应聘助理。第一轮她就被刷下去了,后来我听下属说,因为她是应届生,没有工作经验。

我听后笑了,这个管招聘的人,是公司小有名气的颜值控、强迫症。用他的话说,一看到美女他的工作劲头蹭地就上来了。若看到一个普通女孩,眼睛小或是嘴巴大,他就受不了,在心里一万次地给人家"整容",直到把她们的眼睛变大,嘴巴变小,他才善罢甘休。

因为J的颜值不过关,自然被刷了下去。

好在J虽非美女,但也算是"才"女,她把一篇自己写的文章发到了我的邮箱,虽然并未发表,但我看后还是颇受感动。

说实话,单从她的文字来看,她并没有多少才华,但是她叙事时那份冷静的语气,运用文字的准确性,让我感觉她是一个很会做事,且做事很认真的人。

我让下属通知她来公司复试。

复试很简单,就是让应聘者谈一谈职业规划,看其是否与公司的发展相吻合。

她复试的答卷接近满分。如我所料,她将自己的职业规划分成短期目标(如何尽快熟悉工作)、中期目标(如何在一年内做出业绩)、长期目标(在公司做到什么职位),除此以外,还对公司进行了分析,指出公司未来往哪个方向发展更好。

客观地说,她的分析并不到位,但从她的分析中,我看出,她是真心想来这里工作,并且做了充分的准备,在网上搜集了很多我们公司的资料。

成为我的助理后,她的微信朋友圈几分钟一更新,发的全是我讲课的动态。令我吃惊的是,她却并非时下的"低头族",她很少低头盯着手机看,发完信息就忙工作,工作之余,她总是抱着一本书看。

几年下来,她利用业余时间读了在职研究生,还多次上台给学员讲课。

现在,她是公司分部的经理——也是公司最年轻的经理。

有一次,我开车带几个朋友到郊区一家饭店吃饭。

两年前,公司组织春游,我们来这里吃过饭。我发现店里的特色菜红烧鱼很好吃,那味道,就像小时候母亲烧出来的味道。

于是,每当有远道而来的朋友,我就会带他们来这里吃这道特色菜,他们都赞不绝口。

等朋友们点完菜,我加了这道特色菜。服务员拿走菜单后,我觉得忘记了什么事,但又实在想不起来。

过了一会儿,服务员走过来问我:"先生,您要的特色菜红烧鱼,是不是要少放糖?"

经她提醒,我才恍然大悟:"对,对,要少放糖。我说刚才怎么觉得忘记了什么,原来是忘了告诉你们少放糖。"

我说完又有点不解,问道:"你怎么知道?"

服务员礼貌地说："是做这道菜的厨师让我问您的。两年前,您吃过这道菜后,特意让经理把我们的厨师叫出来,当面夸奖过他。"

我恍然大悟,的确有这么一回事。

"这么长时间了,他还记得?"我和朋友都很惊讶。

"他厨艺好,记忆力也超好。他不但会把客人夸过的菜的特点详细记下来,还会把客人对每道菜提的建议记下来,下次进行改进。"服务员说道,"他在店里工作七年了,我们老板喜欢他,顾客也喜欢他。"

相信这位厨师凭着高超的厨艺,一定收获了无数的赞扬声,他能如此认真地对待,可见他对工作的热爱程度。

在这个瞬息万变的社会,职场上人来人去,这饭店更是客来客往,而这位厨师,居然还记得这件事。

更重要的是,他还记得我爱吃的菜里不能多放糖,这一点,足够感动吃过各种美食的我。仅凭这一点,我就会成为他的铁杆顾客。

当时,我特意拿出手机加了这位厨师的微信,查看他的朋友圈时,我笑了:他果然是个"僵尸"。

"上学的时候,他没有我成绩好,现在却开着名车,住着豪宅。"

"在我眼里,她就是一个丑小鸭,几年不见,她居然变成了白天鹅,还有没有天理了?"

总之一句话,在有些人眼里:那些平庸的人,为什么不按套路出牌,竟然逆袭成功了?

我告诉你,你所谓的平庸,是你自以为是地给别人下的定义。

未来怎么样，取决于现在怎么做

别人比你混得好，是因为他们把刷朋友圈的时间用在了工作上。

我的朋友 A、我的员工 J，还有那个饭店的厨师，他们从事的都是普普通通的工作，但是他们不甘于平庸，在自己的岗位上展现出非凡的技艺。可是在匆匆忙忙的人群中，又有几个人能这样呢？

我们大部分人都是平平庸庸、碌碌无为之辈。我们总以这样或那样的借口敷衍自己，局限在自己的世界里，还自圆其说地安慰自己，说什么平凡可贵、平平淡淡才是真。其实，你就是平庸，只是你嘴硬，不愿意承认罢了！

08

历经风雨洗礼,盼你始终坚强如昔

"别人以为你是高冷,只有你自己知道你是自卑。"

这句话是我的一个叫 Y 的学员说的。

几年前,我给某公司的员工讲课,坐在前排的一个白白净净、眉目清秀、聚精会神听讲的大男孩,引起了我的注意。

人到中年的我,阅人无数,也算是见多识广。眼前这个安静听课的美男子,眉宇间透出一股温中带智、静中带刚的气质。

我讲完课,依照惯例,让每个小组的学员选派代表,用三分钟时间介绍自己,并借此机会宣传自己的公司。

学员们很积极,他们用几秒钟就选出了代表,第一个上台的就是 Y。

Y 就是坐前排的那个"安静的美男子"。

Y 一开口,便颠覆了我对他最初的印象。

老祖宗那句"人不可貌相,海水不可斗量"的话,真是太经典了。

"大家好,我是 Y,名字亦如我的外表一样,文静内向。但我想告诉你,如果你认为我真的是一个'安静'的美男子的话,那就大错特错了。下面我就讲讲我的经历,你要做好思想准备,别吓坏了你的小心脏。"

Y 的语速很快。

"知道吗?有些人出现在你的生命里,就是为了告诉你,你真好骗!"Y 说,"第一个骗我的是我的小学同学。他长得膘肥肉壮,五大三粗,经常欺负我。最严重的一次,我被他打得头破血流,却还不敢告诉老师。回家后,我爸又打了我一顿,说如果我明天不用砖头把那个同学的头打破,他就不认我这个儿子。那一夜我没睡好。第二天,我拿着砖头早早地等在我那个同学上学的路上,他路过时,趁他不备,我用砖头砸向了他的头。"

Y 停顿了一下,说道:"接下来发生的事情是老套路。他家长找到我家。我爸赔了钱,他们走后,我爸夸我干得好。从此以后,那个同学见了我都躲着走。多年以后我才明白,我爸是第二个骗我的人。那件事以后,我学会了用武力解决问题。没有人再敢欺负我,我甚至成为校园里人人都怕的'小魔王'。上初中和高中时,我因打架转过好几次学,那时我给别人留下的印象是'高冷',但只有我知道自己心里有多么自卑。多次转学,只能证明我是个连学渣都不如的坏学生,我一无是处。高中没毕业我就辍学混社会了,可因为没文化只能做最苦最累的工作。我有时一年也找不到个工作,最惨时一连三天靠喝水来维持生活。那时我以为我要死了,等我发现自己还活着时,我对自己说,Y,记住,你能活着是水救了你的命。水是柔的,做人也要像水一样,不能太露锋芒,不能以牙还牙。要用心做人。"

Y讲到这里，台下有人为他叫好。

"在我的人生低谷期，我现在的公司录用了我。那是我第一次进正规公司，第一次遇到穿戴体面的领导跟我和气地讲话，第一次与跟我一样年纪，却处处比我强的同事相识相交。在领导和同事的帮助下，我从打扫卫生起步，用了五年时间，成为公司的营销总监……"

他的话还没讲完，掌声便响了起来。

"我在公司的这五年里，最大的感触就是，公司不但把客户当上帝，把员工也当上帝。在这里，我跟着领导见了世面，长了见识，不仅要会讲究，还要能将就，能享受最好的，也能承受最坏的，领导在公司危难时镇静地作出的决策，让我叹为观止。在这里，我跟着同事学会了享受孤独，而不是忍受孤独，他们在遇到困难时，不是逃避，不是埋怨，也不是求助别人，而是凭着自己的智慧，默默地想办法解决。这就是我的公司，一家让你在历经风雨的洗礼后，始终坚强如昔的公司。"

Y讲完了，台下掌声如雷，经久不息。

我们在二十几岁的年纪，不能随心所欲地纵情于短暂的物质愉悦。因为这时，我们既没有长者洞明世事的睿智，又失去了幼年天真无邪的清澈；做不到步步谋划心机爆表，又不敢勇往直前无所畏惧，所以，我们只有在风雨的世界里，像小时候学走路那样，跌一个跟头，爬起来继续走，再跌，再爬，就这样一直坚强着、

未来怎么样，取决于现在怎么做

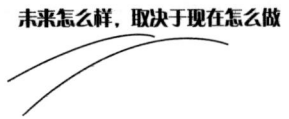

坚强着……

一年前，我收到一位离职员工发来的微信："杨总，我现在纠结、憋屈，甚至想来一个长睡不起，以脱离现在苦海无边的生活。"

他是四年前离开公司的，他工作能力很强，曾是业务部的副总。他离职是因为老家的父母生病，他的妻子身体也不好，而他的孩子还小。他回老家后，自己开了一家小公司。

经询问，我得知，他公司的一批货出了问题，遭到客户的退货，让他损失了三十多万元。

"我的公司小，只有我和一个好哥们儿及他的亲戚，这批货被退，是因为我那哥们儿在检验时大意了。"他通过微信发过来的文字，也显得很沉重，"我不能怨他，他在我最难时帮了我。可这笔钱是公司用于周转的，我那哥们儿觉得对不起我，想辞职，我死活不让他走。"

"坚持一下吧，人们不是常说，感觉难的时候，是因为我们在走上坡路。"我把这句话输入对话框里，又加上一句："公司账上正好有一笔闲置资金，你把账号发给我，我让会计尽快打给你。"

我把这些话发过去之后，他久久没有回复。

我不急，等着。我创业时，也像他一样遭遇过这种困境，也像他一样遇到过像我一样愿意帮忙的人。

我相信，他和那时的我一样，面对友人的帮助，感动至极，心动容，但情难抚，意难平！

"杨总，谢谢您的好意，有您这些话，我已经得到了力量。我再想想其他办法,实在无路可走时,再找您。"

十多分钟后,他发来这句话,在这句话后面,加了一个"抱拳"的表情。

一周后,他打来电话,告诉我,事情有了转机,客户答应先付给他们30%的定金,等待他们发新货。

他接着说:"有了客户的承诺,我有信心了。现在我和我哥们儿正在向给我们发货的合作方谈,想让他们承担一半损失。以我对合作方的了解,他们不会这么做的,但我要尽力争取。"

虽然他的言辞间流露出深深的挫折感,但我明显感觉到他说话有了底气。

我说:"对,一定要尽全力争取!"

我有位朋友,是出版圈小有名气的图书出版人。在图书市场日渐低迷之时,由她策划出版的书却深受读者追捧。但在十几年前,她可没有现在这么风光。

那时,她只是一个学酒店管理的大专毕业生,在浩浩荡荡的求职大军里,她靠着一份执着,在一家图书公司做前台。

这家图书公司很大,出版的书很杂,为了节省工资,招聘的全是没有经验的应届生。因为工资低,这里的员工乐得清闲,每天应付完自己那点活儿就可以了。

相对于编辑来说,作为前台的她,工作更为清闲,除了在招聘季节给各大网站发招聘信息外,就是接待一下来公司面试的人。

有一段时间,她发了很多招聘启事却总招不到人。虽然老板没说什么，但她觉得这样太耽误事儿，就私下里找原因。她发现公司的招聘启事写得不太好，于是就上网上查看其他大公司、出版社的招聘启事，并仔细研究。就这样，她借用资料，又根据公司的实际情况"原创"了一份"招聘启事"。

同时，在通知求职者来面试时，她也做了"创新"：通知求职者时，她会花几分钟时间，向对方介绍公司的经营内容、企业文化、工作环境、岗位职责等。她还主动回答对方提出的各种疑问，以便让求职者对公司产生浓厚的兴趣。接着，她会告诉求职者面试流程，一方面，让求职者感到被尊重；另一方面，也能让求职者提前有个思想准备。最后，她会把到公司的乘车路线、下车站点等信息告诉对方。

通过她的这一系列"改革"，求职者络绎不绝，这让她有了一点成就感。后来，她向老板申请转到编辑部门，但工资不用涨，还是拿前台的工资。

老板答应让她试试，并承诺，如果她在两个月内做出一本合格的书，就让她享受编辑的待遇。

那几年她过得辛苦极了：为了充电，她晚上十二点以前没睡过觉；周六日不是听课，就是泡图书馆；为省钱省时间，她在公司附近租了地下室的床位，每天步行上下班。她一路扛下来，最终走到了今天。

年轻的我们要明白，生活是美好的，但不会总是晴空万里、风和日丽，偶尔也有阴云密布、雷雨交加之时。我们前行的路，也不会总是开阔的大路，偶尔也会遇到崎岖不平的山路，我们只有硬着头皮勇往直前。就算失败了也没有关系，只要你热爱生活，喜欢享受凭借自己的能力创造的美好生活，这就足够了。

　　为了让自己和家人过快乐的生活，我希望你始终坚强如昔，美好的生活，永远属于那些不甘心失败的人，坚持下去，成功一定会属于你！

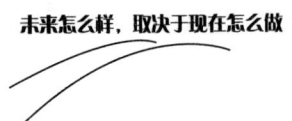

09
大家都很忙,没人看你狼狈的模样

有位 90 后男孩,在微信上给我留言,说他准备辞职了,原因是他实在受不了领导的暴脾气。

"杨老师,我长这么大,从来没有见过像他这么粗暴的人。他经常像疯子一样当众骂我,完全不会顾及我的自尊心。我怕再在这里继续被他虐待,会得神经病。每次被他痛骂之后,我都觉得自己在同事眼里就是一个怪物,好几天缓不过劲儿来。"

看了他的留言,我真想找到他,对他说:"你不用这么纠结自己丢了面子,不用这么在意别人的目光。你要知道,在职场上,每个人都很忙,没人看你狼狈的模样。被领导批过后,你要做的,是分析并改进自己的工作方式。领导批评得对,你改正;批评得不对,你也要调整好自己的心态,从容应对。"

在竞争激烈的职场中,被领导骂哭,被客户训得掉眼泪的事比比皆是。然而,正是这一次次刻骨铭心的打击,才让那颗轻轻一捏就碎的玻璃心,变得坚不可摧;正是这些让我们感到颜面扫地的批评,让我们从职场菜鸟变成优秀的职业经理人!

第二章 职场好运，来自日积月累的修炼

我的客户 D 是位 80 后气质美女，长相甜美，毕业于名牌大学。她毕业后就职于一家外企，因为能干又富有激情，半年后，就升为了主管。在工作之余，她喜欢写文章，参加工作第三年，她自费出版了一本散文集，特意送了我一本。

这个在同事、朋友面前光鲜亮丽的姑娘，脸上始终挂着自信的微笑。在大家眼里，她工作顺利，事业成功，是同龄人羡慕的对象。然而，我在看过她的散文集后，颇为惊讶。

这本散文集，记录的是她真实的职场历程。

她初入职场，因工作上手慢，经常被上司骂"不长脑子""蠢材"。挨骂后，她保持理智，立刻拿起电话沟通相关人员，准备不惜一切代价，把因自己造成的损失减到最小。

有一次，她因工作失误得罪了一个重要客户，在与客户当面沟通的过程中，上司几次三番追到办公室，当着客户的面责骂她，她始终保持着恭敬的态度，认真地听着。上司走后，她继续耐心又礼貌地跟客户沟通，最终，客户被她诚恳的态度打动，不再追究。

她在一篇文章的结尾写道：我们来到这个世界上，要学会用爱的眼睛发现生活中的美，用爱来感受每一次遇见。我相信，我们相知相遇的每一个人，都是来帮助我们成长的。如果没有上司的训斥、指责，没有客户的苛刻、不留情面，没有一次次狼狈的模样，我不会变得像现在这样好脾气，像现在这样自信，更不会像现在这样高效率地完成手头的每一项工作。

未来怎么样，取决于现在怎么做

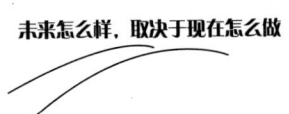

我在原来的公司做经理时，有一次，我让试用期还没过的一个下属给客户发货。当时发货单是填好的，只需要他确认一下即可。

事情就这么凑巧，我大意就大意在，遇上了一个粗心的下属。

那本来是发给天津一个客户的货，发货单上却错写成了"甘肃天水"。货发出的那天下午，我接到天津客户的电话，问我要发货单号。

我去问下属，才发现发错了。

那是一批价值七十万元的货物。领导知道后，大动肝火，找到我，当着我手下二十多名员工的面，把我从头到脚痛批一顿。

我也是堂堂七尺男儿，在公司也是有职位、有头衔的人。领导当着下属的面不留情面地批评，让我有一种当众被扒光衣服的感觉。

可无论我怎么委屈，这件事确实是我的原因才出现了如此大的纰漏。我当时顾不了自己的狼狈样，沉着冷静地寻找补救措施。当我得知货在车站还没有发走时，第一时间与车站联系，经过一夜的折腾，终于把货物追回，事情得以圆满解决。

第二天早上，当我向领导汇报结果时，他只是淡淡地回复了一句"知道了"，仿佛一切尽在他的掌控之中。那一刻我好自豪，幸好领导的责骂，激发了我的应急能力，避免了不必要的损失，被批评与避免损失相比，简直不值一提。

这件事让我明白，工作中没有小事，很多事不必亲历亲为，但必须要把每一项工作都落实到位。作为管理者，会用人和知人一样重要。

还有一次，我在公司会议上做数据通报，被领导抓到不足，当众数落。从讲报告的逻辑到语言的表述,再到数据的呈现方式,都被一一纠正,还被领导当众下了"能力低下"的结论。但是会议过后,我依然面带淡定的微笑,自我调侃是"打不死的小强",针对领导提出的每一个细节的批评建议,我都认真做了修改。

正是人前一次次狼狈的模样,成就了我今天在人前"风光"的模样。

一年前,我曾遇到那时共事的同事,谈话间,我向他讲起这两件"丑事",他想了半天,说那时工作太忙,一些小事真的想不起来了。

是呀,我们奔波于职场,忙于谋生,忙于打拼,谁还会记得谁狼狈的样子呢!

人在职场,有顺境也有逆境。身处顺境时,不要得意忘形,尽量保持一颗不骄不躁的心;身处逆境时,要勇于面对、乐观接受。

那些站得高走得远的人,都是比一般人更能消化委屈,也是比一般人吃了更多委屈的人,他们能将委屈转化为成长和进步的养料。

未来怎么样,取决于现在怎么做

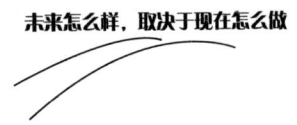

10
还没到结局,就不要轻易放弃

朋友 L 是学工商管理的,在一家大型公司任职。他在这家公司工作了六年,很敬业,经常不带薪加班。尽管他很努力,但公司比他优秀比他努力的人很多,所以,他三年前成为部门副总后,再没有升职的迹象。

最近,他对我说,公司成立了分公司,分公司的总经理要从公司内部选拔,早就想升职的他,就参加了竞选。

"我今天才知道,这次竞选总经理的人有二十多个,我看过他们的资料,三分之二的人比我有优势。"他无奈地说,"我这不是给自己添堵吗?早知这么多人竞争,我就不参加了,现在真想中途放弃。"

我劝他坚持下去,对他说:"任何事情,只要还没有到结局,就不要轻易放弃。"

我在原公司卖鞋油的时候,最开始,我们是去本市各个居民区上门推销,只要卖出去,拿到的都是现金,所以回款率很高,顺便也为产品做了宣传。后来,老板觉得这样开发客户,不利于公司长远发展，便对市场策略进行了调整，决定开发各个省市的经销商，让公司产品进军全国市场。

当时，我们这支年轻的团队，虽然对工作充满了激情，但缺乏开发大客户的经验。我们到外省出差见经销商时，人家找各种理由拒绝。有的经销商即使要了货，由于我们的产品没有名人做代言，经常是我们前脚给他们发货，后脚就收到他们的退货。

如此一来，公司不但没有卖出去产品，还要搭上来回的运输费用，白白受损失。

我那时因为开发了一些还算靠谱的客户，升任了销售部的主管。看到公司频繁遭遇退货，我很害怕，虽然我的客户没有退货，但我还是担心有一天也会发生同样的情况。那是我工作以后所面临的最大压力，每天都在紧张和恐惧中度过。

有一段时间，我每天早上上班时手都会颤抖，我担心一进公司，就接到客户退货的单子。晚上回到宿舍，我躺在床上动也不想动，希望那个夜过得长点，再长点，永远是黑夜最好。

我甚至写好了辞职信，准备在遇到客户退货时溜之大吉。

在那段诚惶诚恐的日子里，我度日如年。直到有一天，我突然意识到长期这样下去不行：事情还没有发生，我何必杞人忧天呢？我为何不往好的方向想呢？

我开始思考，我的工作能力会如此低下吗？客户是我谈的，产品质量他们也认可，他们有什么理由退货呢？再说了，就是货退回来，凭我的能力，也要说服他们再把货要回去。

就这样，我调整好心态，带领着我的团队，一起研究新的营销

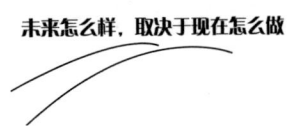

方案，包括如何说服那些退货的客户。半年后，我们不但没有收到客户的退货，还开发了很多新客户。年底时，总公司特意表彰了我的团队。

你想赢在最后，就得坚持不放弃，同时，还要不断寻找应对的方法。

我曾经带过一个下属，他年轻有才华，英语八级，人很聪明，学习能力超强，能够很快接受新事物和新知识，工作起来也很拼。

但在工作过程中，我发现他有一个致命的缺点，就是做事情总是三分钟热度，一旦遇到一点打击，就轻言放弃。

他私下里对我说，在来这里工作前，他已经连续跳槽五次了。当时，他在毕业不到两年的时间里换了六份工作，减去找工作的时间，平均四个月不到就换一份工作。

"你工作能力强，对工作也有热情，究竟为什么要频繁换工作呢？"我太爱才了，怕他走，私下里找他谈话时问道。

"我不想失败。确切地说，是不想经历失败时那种落寞、失望和绝望的感觉。"他认真地说。

他工作到第五个月时，因前期成功地运作了几个小项目，深得领导的赏识，公司就让他负责一个新的有难度的项目。他充满激情地接受了，但他在做项目的过程中，各种挑战接踵而来。

他多次找到我，说想换项目，并说出了原因："我们部门的主管综合能力很差。"他说，"我的素质、能力都不差，在水平比自己低的人手下干活，心有不甘。做这个项目，我看不到任何希望。"

我对他说:"你还没有做完,怎么会知道没有希望呢?"

他说:"你想啊,部门主管帮不上任何忙,就是在一旁说风凉话。做好了,是他领导有方;做得不好,是我能力不行。我分析过自己的能力,适合做管理,所以要不断寻找新的机会。这次来这个公司,以为能很快升任主管,但几个月下来,我发现升职的可能性很小。所以,不如及早离开,找适合自己发展的公司。"

我说:"从你这几个月的表现来看,你的成长速度已经很快了,只要坚持下去,肯定会升职,但现在还不是时候。毕竟,工作经验,在大学里是学不到的,需要在实际工作中慢慢积累。有些宝贵的经验,看再多的书都没有用,你只有经历过、失败过、成功过,才能从更深层面理解。管理是一门高深的学问,需要积累经验,你一点这方面的经验都没有,就想做主管,太急于求成了。只要你能静下心来,在这个岗位上多坚持一下,假以时日,肯定会有机会的。"

但他实在是等不了,说感谢我对他的信任与坦白,但他认为另外的路会更好走。于是,他不顾我的挽留,执意辞职了。我虽然觉得很可惜,但既然这是他的选择,我只有尊重他,并为他祝福。

离开后,他时不时会给我打个电话,我了解到,他的行踪飘忽不定,曾一度离开这个城市,去过北上广。

在电话中,他时常抱怨世事不公,上司有眼不识英才,但更多的是对新公司、新职位的渴望。我能感觉到,他本质上是一个有上进心的年轻人。后来不知什么原因,我们失去了联系。如果有机会再遇到他,我会对他说:"做任何工作,只要你不轻言放弃,踏踏

未来怎么样，取决于现在怎么做

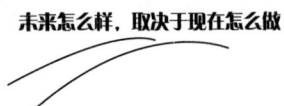

实实做下去，就能得到令你惊喜的结果。"

号称心灵潜能大师的陈安之，是陈安之国际教育训练机构的总裁。他之所以能够有今天的成就，源于他做任何事情，只要认准了，就会一直做下去。

1991年，陈安之从安东尼·罗宾公司辞职，与人合伙成立了"陈安之国际教育训练机构"。他是一个对工作非常痴迷的人，为了不让自己分心，他把公司授权给合伙人管理，他专门负责演讲。

谁知他所托非人，公司经营得红红火火时，他非常信任的合伙人见钱眼开，卷着近百万美元巨款人间蒸发。

陈安之不想分心去追究合伙人，于是，他选择了从零开始。他租不起写字楼，就租了一间大客厅，员工的吃、住、办公都在这里，其境况之窘迫可想而知。

有一次，有一家电视台采访他，记者看到这种情景，还以为走错了地方。他们实在无法相信名声大震的陈安之，竟然在这么简陋的场所办公！

陈安之的老师安东尼·罗宾看了这次采访，特意打电话给他，说："Steve，从你身上我看到了从前的我。你一定会成功的！"

两年后，25岁的陈安之举办了一场三千多人的超级大演讲，他用了24种推广方法，获得了巨大的成功，轰动了整个美国。接下来的演讲一场接一场，仅这一年，他就赚了一百万美元。

从此以后，陈安之的事业如日中天。他在亚洲各国的演讲报酬每小时高达一万美元，而在香港半岛酒店开设的总裁班课程，三天的课程每位听课的总裁需要交纳的费用高达18万元人民币，可听者依然趋之若鹜。

除了年均200场的成功学演讲之外，陈安之还给康柏、强生、三九等世界知名企业做营销顾问，为这些企业出谋划策，使一些企业一年增收几亿美元！

我们设想一下，如果陈安之在被合伙人骗后一蹶不振，他还会有今天的成功吗？

罗兰说："只有一种英雄主义，就是在认清生活真相之后依然热爱生活。"

无论是在生活中还是在工作中，我们只有挥刀斩断在自己体内生根发芽的懒惰，斩断阻碍自己前进的不自信，持续恒久地去做自己喜欢的事情，才会发现更大的世界，同时，我们才有可能像英雄一样发出耀眼的光芒。

不管在什么情况下，认准了一件事，只要还没有到结局，你就得用一辈子的时间去坚持，相信你在经历人生的风雨之后，这个世界，会让你看到绚烂的彩虹！

所以，我们要趁着青春好年华，好好经历，好好争取，好好成长，我们要明白：只有全身心投入工作，才能超越别人。这就是人们所说的"台上一分钟，台下十年功"。别只看到别人的风光，也要明白，在台下，别人也有你看不到的孤寂、隐忍、磨炼及坚持。

最后请你记住：你要想成功，仅有机会是不够的，你既要把握住机会，更要在工作的过程中坚持到底。

11
你美你傲娇，我丑我低调

这是一个看"脸"的时代。

不管是上网看新闻，还是浏览微博、微信圈，那些配有帅哥、美女照片的信息，总能吸引更多人的眼球。

"爱美之心，人皆有之。"老祖宗留下的这句话，简直就是真理。

有一天，我像往常一样打开微信圈，一篇《你美你傲娇，我丑我低调》的文章吸引了我。

这个标题很有意思，我忍不住看了一下文章。

我这一看便一发不可收拾。

这篇文章的格调跟现在流行的心灵鸡汤一样，唯一不一样的是，作者是我曾经熟悉的R。他写的故事，幽默风趣，让人忍俊不禁。

我把R行文中提到的作品，放到百度一搜，不由得大吃一惊，这个R，竟然是小有名气的动画导演。

认识R，是在五年前，那时他是一名即将毕业的大学生。

五年前，我到一家企业讲课。课间休息时，有一个个子不高，腼腆害羞的大男孩找到我，怯怯地说："杨老师，我可以加您的微信吗？"

那时候微信刚刚推出，我还不懂如何使用微信，更没有微信号。

"很简单，我帮您注册一个吧。"听说我没有微信，他很热情地说。

我怀着好奇的心情，让他帮我申请了一个微信号。

他就是 R，我的第一个微信好友。他这次能来听我的课，是因为他在这个企业实习，而当时有个员工生病了，他这个实习生才得到了听课的机会。

"杨老师，我知道您忙，没有时间，等您休息时，一定要逛逛我的朋友圈，我发的文章都是我自己写的。"他是那么害羞，"我喜欢动漫，但不会写故事。为了提升写作水平，我每天晚上十一点半，准时更新微信朋友圈。我写的那些小故事，是根据我自己和身边朋友的真实故事改编的，您要给我多提意见。"

我笑着说："嗯，好的。"

事实上，在这个人人都喜欢把"忙"字挂在嘴边的时代，大家似乎不太关注别人的事情。我刚用微信时，觉得新鲜，即便忙，也要抽时间看看朋友圈里的信息。

那时用微信的人不多，朋友圈还没有现在这么热闹，再加上没有几个好友，发的也都是一些无关痛痒的文字，所以，我只用几秒钟就浏览完了。

倒是 R 发的那些精短的小故事，让我有了读的欲望。

就是在这段时间，我得知了 R 的故事。

未来怎么样，取决于现在怎么做

R 出生在一个普通的农村家庭，他是家中的长子，他的父母从小就对他严格要求，希望他能努力学习，靠读书来改变命运。

别看 R 性格内向，他内心却有一团火。他从小就喜欢画画，立志要当一名动漫画家。为此，他把父母给的零花钱都买了漫画书。

上中学后，他一有时间就跑书店，没钱买书，就一整天待在里面看书，常常忘记吃午饭。父母担心他会因此影响学业，就劝他收收心。

为了不辜负父母的期望，他一边刻苦读书，一边抽时间画画。

他发誓要考一所好大学，为父母争气，将来再找一份高薪的工作，让辛苦了一辈子的父母享福。

然而，命运似乎故意跟 R 开玩笑，高考时，学习成绩一向优异的他，以 8 分之差与理想中的大学失之交臂。

R 落榜后，心情低落，郁郁寡欢，每天躲在家里不愿意出门，他不敢面对周围的亲戚和邻居。亲戚朋友们都知道他的理想是当漫画家，当面不说什么，背地里都嘲笑他在做白日梦。

眼看就要开学，只顾伤心的他还不知道何去何从。在此之前，父母多次跟他商量：要不再复读一年吧，明年再考一次。

他深知家里的经济情况，父母的年纪越来越大，他们外出打工，只能干又苦又累又不赚钱的活儿，而自己作为家里的长子，应该为父母分担家庭的重担。

他作出了决定：去一所专科学校就读，学习冷门的农林经济管理专业。

他相信，英雄不问出处。只要自己坚持努力，心中的梦想就一定会实现。

上大学期间，R经常利用课余时间学习漫画。有人讥笑他："你都是大学生了，还每天翻看这些漫画，这么幼稚，能有好前途吗？"

面对同学的误解，他笑笑，也不做解释。

大二时，他决心与人合作写动漫脚本，说要拍成动画片。当他把这个想法说出来时，班上的很多同学哈哈大笑。有的同学摸着他的额头问："喂，你没有发烧吧。人家搞动画的可是一帮天才啊，他们不是美院的高材生，就是电影学院的才子，你一个专科学校没毕业的学生，而且学的专业跟动漫风马牛不相及，还想从事这么高雅的职业，我劝你还是先接一盆水照照自己吧。"

还有一些同学尖刻地说他是"丑人多作怪"。

R还是微微一笑，这么多年来，他所遭遇的嘲笑不绝于耳，如今，他早已懂得放下。他坚持自己的信念，走自己的路，让别人笑去吧。

大二的暑假，R与几个在网上结识的喜欢动漫的朋友，在学校附近租了一间十几平方米的小民房，组成了一个动漫小团队，开始"导演"他们喜欢的动漫。

他们一起讨论确定故事大纲，然后分集写出来，先发表在他们的微信公众号上，并转发在各自的朋友圈里。接着，由R执笔，画动漫人物。

那段时间，由于资金限制，他们过得十分艰苦：每天只吃一顿外卖，如果饿了就干啃馒头；住宿条件也不好，五六个人加上所有

的机器设备,都在那个十几平方米的小屋子里;连夜加班是常有的事情,有时累得眼睛都睁不开。

就是凭借这股拼搏的精神,三年后,也就是 R 毕业的第二年,他们终于制作出一部十集的动画片。当他们把第一集发到微博上播放时,立刻引起轰动,一夜之间,有上万人转发,他们的微博粉丝数也立刻暴涨到数十万。

那天晚上,他们第一次来到租房附近的餐馆,吃了三年以来的第一次饱饭,并喝得酩酊大醉。

不久,他们制作的动画开始被业界关注,他们的团队也幸运地得到百万级的天使投资资金。半年后,他们以团队名义注册成立了"动画公司",并接受了上千万元的投资。一年后,他们的第二部动画片播出,再次引起轰动。

又是一年后,国内某著名电影制作人,以八千万元人民币全资收购他们的动画公司。R 团队的每个成员都得到了丰厚的回报。

这时,R 独自来到远郊,对着空旷的田野狂喊:"父母再也不用带病打工了,我这个丑人不是在作怪,而是在为梦想努力。"

赚到人生的第一桶金后,R 并没有给自己买房买车,而是把钱交给父母打理。他说:"我还年轻,此时需要沉下心来,用金钱买到的东西容易使人浮躁,也不利于我今后的工作。别人美,可以傲娇,我丑,要学会低调。"

直到现在,他还是一个拿着百万年薪却无房无车的"漂"一族。

直到现在,他还是一个每晚十一点半,坚持写一篇千字小故事,默默地发在朋友圈的写作者。不求被关注、被转发，只求记录生活中美好的精彩片段。

整整五年，一千八百多个日夜，他原创的故事有一千八百多篇，每篇一千多字，总共是一百八十多万字。

单看他的文字，你绝对不会想到，他是一个年纪轻轻就功成名就的人。

低调做人是一种进可攻、退可守，看似平淡，实则高深的处世谋略。在这样一个浮躁的时代，他能够这么低调，实属不易。

成功有时候就藏在别人对你的嘲笑里。它能激发你的成功欲望，让你勇敢挑战困难，能够独当一面。面对嘲笑，承担压力，是人生中的一部分，如果这时你能做到不浮躁、不虚伪，经常总结失败的经验教训，并沉下心来慢慢沉淀，就会离成功更近一步！

对于年轻的我们来说，生活中的每一次打击，都是为了让我们更坚强，所以，遇到打击时，不要气馁，更不要沮丧，在沉默中积累力量，相信你在经历风雨之后，一定会见到明亮的太阳！

有时候，我们并非故意低调，只是当我们想认真地干一件自认为对的事情时，没有时间向他人解释，这时就要放下所谓的自尊，埋头去做，不要奢求美好的结局，只为了那精彩的过程！

一旦你真的成功了，习惯了低调努力的你，会在这个浮躁的时代，做更加心境平和，笑看世间的凄凉与繁华，活出真我的风采！

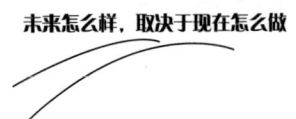

12

职场好运,来自日积月累的修炼

"我好倒霉哦,公司这次加薪又没有我。"

"我一直很努力、很专注地工作,可好运他老人家就是看我不顺眼,总是绕着我走。"

多年来,我在生活和工作中,总能听到类似的抱怨。

好运,确实是像许多人说的那样,可望而不可求。我们要清楚,一个人撞到好运的概率很小,好运是偶然性事件。

不信?我们先看看一位艺术家的故事。

这是京城的盛夏七月。

早上,一位年过六旬在全国知名度很高的相声表演艺术家来到路边,向过往的出租车招手。

很快,一辆出租车停在他面前。司机是个年轻人,一眼就认出了艺术家,惊喜地说道:"哎哟,老爷子,离老远我就看着像您,还真是您啊!"他边说边拿出一个笔记本,"老人家,给我签个名吧。说实话,我开出租车三年了,第一次拉像您这样的大名人。"

艺术家坐上车后，很认真地给他签了名，一路上，他们聊得很开心。

半个小时后，艺术家到达目的地，下了出租车。

等年轻人开车走远后，这位艺术家又招手叫了另外一辆出租车。这一次是位女司机，她也一眼就认出了艺术家，她虽然没像第一位司机那样让艺术家签名，但却像娱乐记者一样，问了艺术家很多问题……

下了这辆出租车，这位艺术家又招手上了一辆出租车。几个小时过去了，艺术家换了四五辆出租车，这几辆租车带着他几乎绕了大半个北京城。

转眼到了中午，他又随手招了一辆出租车。这次开车的师傅是个 40 岁左右的中年男子。他像前几位一样，一眼就认出了艺术家，虽然也很高兴、热情，但是，驾驶途中，他就专心开车，不再说话。

艺术家有点尴尬和不解，但又不便直问。这时碰到红灯，司机在等红灯时扭头问道："老人家，今年的春节联欢晚会您还上吗？"

艺术家还没回答，红灯变绿灯，司机师傅又目视前方，不再说一句话。此时，艺术家忽然明白了什么。车到目的地后，艺术家没有马上下车，而是问他："师傅，您愿意做我的专职司机吗？"

"老人家，您不会是在跟我开玩笑吧！这么好的事情怎么会砸到我头上？"司机愣了好久，才说道。

艺术家温和地一笑："你听我解释，是这样的，我岁数大了，反应也慢了。上周我自己开车,出了个小事故,差点送了老命。老伴和儿女都不放心,说啥也不让我自己开车了,所以我就琢磨着聘请一位专职司机。"

司机疑惑地问:"可那么多会开车的人,您怎么一下子就相中我了?"

艺术家感叹道:"开车的人是很多,但你是唯一一位开车的时候不做其他事情的师傅。"

看吧,当你在工作中,日积月累地修炼好品行时,就轻而易举地遇到了好运。看似偶然,实则必然。

Y研究生毕业后,进入一家合资企业上班。

虽然他学历高,但因为刚进入公司,什么都不懂,也就没有什么可以骄傲的资本。好在Y心理素质很好,他坚信只要保持一颗好学上进的心,就能很快适应工作。

Y是学管理的,但老板总让他做一些琐碎的小事。对此,他毫无怨言,他明白学历再高,也得从最基础的事情做起。

老板让他去复印,他便跑去复印;出纳不在,让他做出纳的工作,他也不计较;让他联系业务员、跟订单,他便跑去与业务员沟通,跟踪产品进度;让他预订同事出差的酒店,他便四处查找既便宜又方便的酒店;让他代听培训课程,他便带好笔和本跑去听课……总之,他在别人眼里是最清闲也是最忙碌的人,但只有他自己知道受了多少累,吃了多少苦。

渐渐地,他发现自己做事更有条理了,效率更高了,沟通能力也在不断提升。他对产品流程特别熟悉，只要有人询问他哪种产品到哪个环节了，他都能清楚明白地告诉对方，产品在哪里，还要多长时间可以完成，什么时间可以出货，什么时间可以上架等。

面对同事一脸佩服的样子，他很开心。渐渐地，他开始接受并喜欢上这种充实而忙碌的日子，这让他掌握了很多技能，学到了很多独到的本领。

特别是在跟客户时，他因掌握了公司和产品的运作流程，提高了工作效率，这为他顺利通过公司的考核奠定了基础。

试用期满后，他顺利通过了公司的所有考核。他对公司基本情况和工作流程的熟悉程度，连老板都称赞不已。

"你真不愧是做管理的，能把各项工作都做得井井有条。从下个月起，你就到策划部工作吧，让策划部的陈总监带带你，陈总监两个月后调到销售部做副总，你先做代理总监，做得好，两个月后总监这个位置就是你的了。"

我刚创办公司时，招聘了一个前台，人长得漂亮，嘴也甜，就是太懒。她每天无所事事，除了接几个电话之外，其余时间就是逛网店、刷朋友圈，或是用甜美的声音跟朋友聊天。

我看到她这样，就找她谈话，希望她能改变一下工作态度。她很惊讶地看着我，说："杨总，我是前台，工作内容不就是接几个电话吗？我接电话时那么礼貌，也没见哪个客户投诉我，我还怎么改变工作态度？"

未来怎么样，取决于现在怎么做

我说："你没看到公司上下所有人都很忙吗？你也可以搭把手。"

她无辜地说："同事那么多，活儿那么杂，我到底帮谁啊？再说我又不是超人，这么多活儿都让我搭手，我还不累死。"

试用期还没有结束，她就不干了。

几天后，公司又招聘了一个前台，也是个漂亮的女孩。

她上班第一天就制作了一个登记表，记录每天出入的人员和来往的电话，然后建立了一个完整的前台岗位职责和流程表，有几十页纸那么厚。接下来，她又整理了公司的快递单、出差人员的车票、住宿票据等，并且做成了详细的电子表格。之后，她又根据这些数据，做出来一份详细的分析报告。

不到半个月的时间，她就对公司的运作流程和核心技术倒背如流，而这些并没有人安排她做，都是她主动去做的。公司上上下下都对她赞不绝口，现在，她已经是独当一面的部门经理了。

由此看来，任何人的好运，都不是凭空"撞"来的。

长得漂亮或许会增加你撞到好运的几率，而做得漂亮才是你能永远不错过好运的保障。

在职场上，无论你选择什么样的工作，都要从内心接受它。不管你嘴上说得多漂亮，多会找借口，你的行为、你的状态会决定你的工作结果。

如果你选择当一个满足于本职工作的员工，那么你只需付出少量体力，花费少量脑力，就可以过安定的生活，就不要羡慕别人升职拿高薪,不要嫉妒别人过高质量的生活!

你要知道,从你放弃卓越那一刻起,好运就像躲避瘟疫一样远离了你。

你就好比一棵大树,只要你不迷失自己,努力生长,努力充实自己,终究有一天你会发现,好运会与你如影随形!

第三章

到手工资,不代表你的身价

未来怎么样,取决于现在怎么做

13
到手工资，不代表你的身价

在同一年参加工作，为什么几年后有的人成为公司的业务骨干，有的人却还在四处找工作？

在同一个行业中就职，为什么几年后有的人升到了总经理，有的人却还是普通员工？

在同一个领域中打拼，为什么几年后有的人成为年薪七八位数的打工皇帝，有的人却还在为一年涨几百块钱而耿耿于怀？

同样是创业，为什么几年后有的人已经是身价过亿的老板，有的人却因公司经营不善而负债累累？

起步一样，学历一样，家庭背景不相上下，为什么几年后的差距却有天壤之别？

难道真的是运气、智商、能力、勤奋程度所决定的吗？

绝对不是。

这是由一个人的价值观决定的。

我在大学毕业第六年时，参加了一次同学聚会。

第三章 到手工资，不代表你的身价

在那次聚会上，我发现，女生之间的话题就是"如何嫁个好老公""买什么牌子的包包""买什么化妆品""是到马尔代夫度假还是到美国、德国旅游"，等等。

不难发现，她们的价值观就是：嫁个好老公，后半辈子就衣食无忧了。

而男生所谈论的话题，则是打工和创业。

谁谁上学时成绩不错，家里托关系进入高薪又有保障的国企了；谁谁有一个有钱的爹，毕业后回到家族企业做了总经理；谁谁运气好，在掘得第一桶金后，自己开公司了；谁谁工作能力强，现在是公司的高管，拿的是七位数的年薪；谁谁和我们一样，没有背景，没有机遇，到现在还是一个拿着几千块钱月薪的打工者……

聊着聊着，大家的神情落寞起来，同一个教室同一个专业出去的同学，一混社会，差距咋就这么大呢？

大家一边羡慕着比自己强的同学，一边感叹着命运捉弄人，聚会的气氛变得有点不愉快了。

你们或许和我的这些同学一样，对这些事情感同身受，但如果你细究一下我们之间的差别，就会发现，因为彼此不同的价值观，导致了不同的结果。

不信，听我细细道来。

这是我的合作伙伴伟的故事。

十年前，海外留学归来的伟在一家国企就职，薪水比上不足比下有余，工作时间很规律，早上八点半上班，下午五点半下班。

未来怎么样，取决于现在怎么做

开始时，激情四射的伟工作很卖力，每天都早早去办公室，不是学习业务知识，就是向前辈请教经验。一年下来，伟的工作能力得到很大提升。

第二年年底，他被公司评选为"优秀员工"，另一位能力不如他的同事却被提升为部门主任。

伟有点郁闷，这倒不是因为他急于升职，而是他觉得，那位升为主任的同事，刚来公司半年，论业务能力，论工作年限，都远远不如他啊！

"在咱们公司，你能力再强，上边没人，也升不了职。不如趁着年轻，把业余生活安排得丰富一些，享受这充满激情的青春。"

"我们再努力，充其量也是饿不死的打工者。要想多赚钱，就得给公司创造不知多少倍的价值。与其卖命赚那点钱，不如轻轻松松地拿个基本工资，还落个清闲，落个心理平衡。"

……

以往，伟对同事们的这些言论会置若罔闻，但现在，他觉得这就是职场真理。

你工作再拼命，领导不重用你，你就是费力不讨好；你工作再努力，公司不想给你加薪，你就是一个不值钱的员工。

他想开了，此后，他在工作上能偷懒就偷懒，能推托就推托，能少干一点儿绝不多干，能明天做的今天再闲也不干。

一段时间后，他感觉工作乏味无比。

有一次，伟去一家公司谈业务。

这是一家私企，严格地说，是一个家族企业，只有十来个人，有一半员工是老板的亲戚。公司只有两个房间，小房间是老板的办公室，大房间是员工办公室。

伟去时，还有五分钟就下班了。老板在外出差，员工办公室已经走得只剩下一个叫金的小伙子了。

金和伟一样，刚工作两年，但金的工资，连伟的一半都不到。

伟要找的人早走了，要不是金帮忙，伟这次就白来了。

出于对金的感激，伟主动问金："为什么下班了还不走，是不是加班费高？"

金平和地说："没有加班费，我每天都会强迫自己加班两个小时。一个小时用来学习相关的业务知识，半个小时用来总结一天的工作和制订第二天的计划，半个小时用来做当天没有完成的工作。"

伟啧啧叹道："真佩服你，你工资不高，却对自己要求这么高。"

金正色道："我工资少，并不代表我的价值低。我要利用好这个平台，在基层好好磨炼，让自己的能力得到提升。"

"关键是，老板能看到你的努力吗？"伟替他抱屈。

"能力是我的，让老板看到干什么？"金说，"我凭借自己的能力给公司赚的钱越多，我的能力越强。公司可以拿走我的钱，但我的能力，嘿嘿，他们是怎么也拿不走的。"

那天，伟第一次与一个初次见面的客户聊了很久，并成了朋友。

金说："我从不把自己当成低薪员工，这样不管公司给我开多少薪水，都影响不了我努力工作。我坚信，我今天拿的工资绝不是我的价值。我的价值是无法用数字计算的。所以，为了证明自己的

未来怎么样，取决于现在怎么做

价值，我唯有不停地努力，不断地开发自己的潜能。"

那天的谈话，对伟的触动非常大，他们分开的时候，金对伟说："在工作中千万不能计较得失、精打细算，那是家庭主妇做的事。做事业就得大度一些，全力以赴，用心去做，在这一过程中，你会体验到比被领导表扬、比多拿几千块钱更'爽'的感觉。"

后来，伟也像金那样踏踏实实地工作了，他不但如愿拿到了与付出对等的一切，成长、钱、荣耀、友情、家庭……还体验到了努力过程中的那种更"爽"的感觉。

那种"爽"就是，他在工作中不时发现自己身上的闪光点：沟通能力、规划能力、预测能力……

十年后，伟已经从普通小职员一路升到了现在的一把手。

而金在这十年中，换过三份工作。他的工作能力越来越强，他的老板知道留不住他了，便推荐他去了朋友的大公司。他一去就被任命为策划部总监，几年后，他积累了一定的管理经验，公司便让他带着一个团队开发新项目。新项目的开发难度很大，很多团队因忍受不了压力而解散了，只有他的团队坚持做了下去并成功了。于是，公司专门拨了一笔款，新成立了一家分公司，交给他全权负责。这样一来，等于是公司出资金跟他合作，他既是股东，又是CEO。

现在，金负责的是这家公司正在准备上市。

现在的我，生活优渥，出门有车开，去远点的地方就坐飞机或高铁，可我总怀念刚做销售时的那股猛劲。

记得那时候,我每月的工资都会分成几份,一份寄给父母,一份用来交房租,一份用来买书,一份用来零花。

因为到外地出差也是花自己的钱,所以尽管火车票很便宜,但还是舍不得那来回的几十块钱。为了省钱,我甚至想过逃票,但又拉不下面子,就想了一个既省钱又体面的办法。

我想,只有让乘务员快乐开心,我们才有"共赢"的机会,于是我经常帮乘务员干活,比如扫地、卖货,而在卖货时,我就可以乘机推销我的产品,实现"共赢"。

我们做过的每一件吃力不讨好的事,每一件赤手空拳迎难而上的事,每一次咽下的耻辱,最终都会长在我们的身上,成为我们抵抗下一次磨难的资本。

当这些资本累积到一定程度时,你的身价会像潜力股大爆发一样,一路上扬。这时你会发现,你的工资只是你发现自己潜力的一个诱饵而已。

明白了这个道理,当你再感到辛苦疲惫时,就咬咬牙,坚持一下,告诉自己:我此时吃的所有苦,以后,老天爷都会加倍回报给我的!

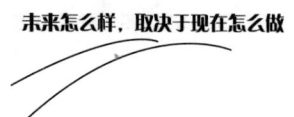

14
在工作中来一个双剑合璧

在微信上,女孩A对我说:"杨老师,我月薪六千元,工作是我喜欢的,我在工作时也感觉很快乐,对薪水也很满意,但我想辞职了。"

我甚为不解。

不知道是自己年纪大了,还是现在的年轻人太有想法了,我经常在类似的问题面前百思不得其解。起初我还问问原因,但得到他们的答案后,我通常会被雷倒。

"人生这么短,生活这么闹,我想静静。"

"我想专心致志地谈一场轰轰烈烈的恋爱。"

"没别的意思,就是干着不爽。"

……

当我惊讶于他们辞职的理由,苦口婆心地劝他们要脚踏实地工作,实现自我价值时,他们会嘻嘻哈哈地笑着说:"杨老师,青春那么美好,又那么短暂,我想好了的事情通常是不会轻易改变的。"

"哦,原来你早决定了啊。"我在发出如此感叹时,心想他们背地里可能会笑我太老土,思想太僵化。

所以,面对 A 的问题,我不再问原因,已经见怪不怪。

"你没经历别人的人生,就不要妄加评论好不好?"

这是心灵鸡汤的文章中用得最多的一句话。

"杨老师,您不想知道为什么吗?"A 抛来一个大笑的表情。

我回了一个微笑的表情。

"我嫌这份工作都是鸡毛蒜皮的小事,跟我将来要干的大事不沾边。"A 信誓旦旦地说,"本姑娘现在缺的不是钱,是对未来的动力。"

"杨老师,帮帮我呗!"A 以她的方式向我求助。

我觉得 A 不像其他人那样,下定了决心要任性,她是真心想让我为她出谋划策的,于是,我那职场"过来人"的师长病又犯了。

我用我的方式,对 A 进行了"洗脑"。

我问 A 有没有看过梁羽生的武侠小说《萍踪侠影录》。

她说没看过书,倒是看过电影,范冰冰主演的,但她觉得范冰冰在电影里的扮相不是太美,她非常喜欢男主角。

"他虽不是小鲜肉,嘻嘻,却比小鲜肉还勾人。"

我不好意思打断滔滔不绝的她。

等她抒发完心中的感情,我委婉地问:"里面有一种很厉害的剑术叫什么?"

"双剑合璧啊,这个可难不倒我。"A 来了兴致。

未来怎么样,取决于现在怎么做

我娓娓而谈,张丹枫和云蕾原是对立方,两个人的武功都平淡无奇,但是在偶然的情况下,两人互相配合,战斗力得到"1+1>2"的效果。这得益于双剑合璧剑术的特点,双剑合璧中的双剑是雌雄宝剑,有如一阴一阳,除了性质上分阴阳之外,还有"剑势"上的配合,只要信手刺出一剑,和同伴配合就可以妙到毫巅。

"他们为什么会变得那么厉害?"我说,"是因为他们把彼此的优点集中在了一起。工作中也是如此,我们可以和同事配合,但大多时候,工作是你自己的,要想做到最好,就得在工作的过程中自己来一个双剑合璧。"

"自己怎么跟自己双剑合璧?"这次轮到 A 疑惑了。

"你别着急,下面这个故事会让你明白,一个人若能在工作中利用好双剑合璧,就能在职场中打遍天下无敌手。"

我像平时讲课一样,在勾起 A 的兴趣后,津津有味地讲起了我的两个朋友的故事。

小涵和小刘是我初中的好朋友。他们大学毕业后,在同一家公司做营销员。

工作一段时间后,他们都感到工作很乏味,认为一辈子做这样的工作,完全是在浪费生命。

好在他们心态还不错,没有一味地抱怨,而是决定改变。

小刘为了涨工资,以便赚到一定数额的钱后去创业,决定努力提升自己的文化水平,提高自己的学历。他报了一个培训班,每天在完成八小时的工作之后,就去学习在职研究生的课程。

第三章 到手工资，不代表你的身价

小涵也给自己定了一个目标，即成为一名高级营销人员，甚至成为营销大师。他也开始了学习，但学习内容与小刘的完全不同，他在八小时本职工作之外，主要学习营销技巧，比如主要的营销手段、如何与客户打交道等。难得的是，小涵懂得学以致用，在他去见客户时，会把这次会面视为一次对所学知识的实践，这样一来，工作就成了他学习的延伸，他的工作能力在一次次实践中迅速提升。

两年后，他们两人之间的差异就很明显了。

小刘觉得学习和工作在很多时候搞得他身心疲惫，虽然他得到了在职研究生的学历证书，但是他在本职工作上却没有任何进步。

小涵把工作和学习很好地融为一体，他的工作业绩远远高于其他人，而他在学习上也实现了自己的目标，于是学习劲头更大了。

"小涵的故事有点意思。"A听后笑着说，"把工作与未来的目标结合起来，够聪明。"

我说："双剑合璧就是把工作中的小事和远大目标结合起来。因为小涵在工作中巧妙地利用了双剑合璧的原理，从而使工作总效率超过了每一项工作效率的和，也就是'1+1>2'的效果。"

人在职场"混"，若不懂得双剑合璧，注定是要被淘汰的。因为工作和做其他事情一样，时间一长，总有一天会让你感到厌倦的。

2000年时，人们对推销普遍存有偏见。那时，我出去做业务，会被别人骂是骗子。我记得马云好像也是2000年左右开始做推

销的。

做推销有多难,我说一件我亲身经历的事吧。

有一次,我到一个亲戚家去。这个亲戚一直很喜欢我,对我很好,但当他问我干什么工作时,我说是搞推销的,他听后半天没说话。

那天我离开他家时,他对我说:"孩子,你还年轻,想办法找一个有发展前景的工作吧,别做那种骗子干的工作了。"

我无语。但就是亲戚的这番话,让我发现,我若不在这个行业做出点成就来,我真的就是一个大骗子了。

那个时候的市场是非常残酷的,人们不会同情你。让我感同身受的是,我和客户之间,就是两个互相算计的陌生人,我们之间没有欣赏,只有生意和交易。

当时做业务赚钱真的很难,因为每卖一瓶洗发水,只能赚一块钱,有的时候一天拼了命卖才能卖二十几瓶,所以,我有时候连自己都养活不了。

一份工作,收入不高,又处处被人嫌弃,长期干下去,确实没有啥意思。好在我那时的理想就是做中国的乔·拉德。

那时,我正迷武侠小说,崇尚武林高手中的双剑合璧,高手之间的强强联手,能达到天下无敌。我为何不让自己在工作中也来一个双剑合璧呢?

我这人想到就会去做。于是,我在工作中不再把自己定位为生意人,而是把自己定位成一个传递欢乐和快乐的爱的使者。

我对工作的热情,再加上我对自己的定位,我立刻对自己有信心了。不管是在客户面前,还是在同事及亲朋好友面前,他们都能感受到我的友爱和热情,并且受我的这种情绪感染,接受了我这个人。

当你这个人被认可时,你做的事情也会被认可。

三个月后,我在出差搞推销的路上,接到领导的电话,他告诉我,我已经被公司提升为部门主管,也就是说我没回公司就被提升为主管。

别怕你的付出和努力得不到回报,上天是很公平的,你所付出的每一分努力,他老人家都会在你想不到的地方,足斤足两地补偿给你。

在工作中,双剑合璧就是把未来的工作目标这把剑,与学习、事业、人生等这把剑联系在一起,当这两把剑联合出击时,就可以相互促进、相互协调,让你的工作劲头更大,把你的潜能发挥得淋漓尽致,令你在职场中打遍天下无敌手。

不过我要提醒的是,你在确定目标时,这个目标不仅要长远而清晰,还要和现实能很好地融合。

千万不要以打工者的心态工作,这只会让你变得越来越穷,要抱着给自己干的心态工作,积累的知识,积累你的经验,提升你的能力,这是我这么多年摸爬滚打的切身体会。

还有一点很重要,那就是要把工作中的小事当成大事,并做成大事。这样一来,通过做这件事情,你会得到极大的成就感。

成就感真的跟赚多少钱无关,就比如你喜欢写作,却让你去经商,也许会很挣钱,但却不一定能比你写一本书得一万元稿费有成就感。

在经商时,可能挣到第一个一百万后,你会有成就感,挣到第一个一千万后,你会有成就感,但再往后,钱就变成了一个数字,你就没感觉了。

如果是写书,哪怕第一本书不赚钱,你都有成就感,以后随着你写书的收入慢慢增多,你的成就感会越来越大,这与你经商赚钱的感觉是不一样的。

15
菜鸟是这样变成精英的

提到职场菜鸟是怎样变成精英的,我必须提一提我的朋友F。

1999年初,F的父亲因病去世,家里背上了近十万元的债务。迫于无奈,上高中的F只好辍学到城市打工,为父还债。

没有学历,没有工作经验,F只能做又苦、又累、收入又低的工作。

她很喜欢服装设计,几经周折,在一家服装厂做了布料采购员。

从事这项工作后,她一边向面料厂家学习面料知识,一边钻研服装款式。通过多方了解,她发现服装经营最大的特点,就是点多、面广、变化快,为了在变幻莫测的市场中准确把握消费趋势,她利用别人休息、娱乐的时间,有目的地逛商店、跑市场。

平时生活中,她只要看到有特色的出样方式,就会多逗留一会儿,琢磨琢磨、比较比较,有时候营业员盯得紧,她就会拍几张照片带回去;只要看到服装设计培训班的通知,她就会利用业余时间参加培训,以保持对设计理念的敏感;她还喜欢去车间,与同事一起裁剪,熟悉生产工艺。除此以外,她要求自己每天一定要翻阅时尚杂志,捕捉知名品牌发布会的信息,了解流行趋势,以赶上时代潮流。

工作中的实践和工作之余持续的学习,让她在短短三年内,升任公司采购部门的主管。她利用业余时间设计的一款休闲女装,成为当年国内的流行款式之一。

2004年,F调到了公司的设计部,由于她懂得选面料、深谙颜色搭配之道,由她设计的几款女装,深受客户青睐,一经生产,便供不应求。第二年年底,她设计的一款时装,在国内获大奖。第三年,她设计的女装,让公司销售额突破亿元大关,年利润达到两千多万元。

"要想实现事业梦想,就得先从职场菜鸟升级到精英。只有这样,你才能在梦想的领域不断学习,让自己成为这个行业中的'绝顶高手'。当你在这个领域具有很高水平时,你的梦想就实现了。"这是F总结的成功经验。

F从一名籍籍无名的采购员,到全国知名的设计师,靠的就是不断学习的精神。她把别人休息的时间都用来学习知识、提高能力了。

身在职场,你若不努力,你这只菜鸟会一直郁郁不得志。那些从菜鸟变成精英的人,靠的是踏踏实实地干,认认真真地学。

实现梦想是一个超越自己的过程,我经常对自己说,你就是成功者。有的时候,就是因为太想超越别人,所以不小心超越了自己。

菜鸟 VS 精英

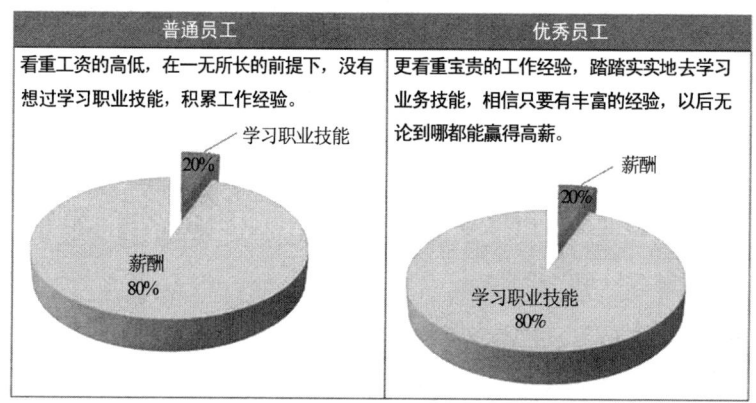

我刚做推销时,为了给自己动力,我会给自己找一个 PK 对象。这个 PK 的对象,通常是我们公司业务做得好的同事。

我有一个朋友叫徐涵,他是我刚参加工作时的第一个主管,我们 2000 年认识。我佩服他的不仅仅是他超强的业务能力,还有他高度的自律能力。

他的梦想是自己开公司,做老板。那时,他不管工作多忙多累,都坚持每天早上六点钟起床看书,并且要求自己一年看 20 本书,其中三分之一是专业方面的书。

我学习时,就把他当成 PK 对象,和他 PK 谁读书更快、更多。那一年,他读了 20 本书,我读了 25 本书。

后来,他创办了聚焦集团,我创办了联烨集团。

在一次企业培训课上,我与学员互动时,向他们提了一个问题:

精英是如何练成的？

听到这个问题，学员们要求他们的市场部经理谈谈修炼成精英的过程。

那个市场部经理是个典型的职场精英。他中专一毕业就到这家公司做业务员，和他一起入职的十一个人都比他学历高，但在不到三年的时间里，那十一个人都先后离开了，唯独他坚持了下来，而且这一坚持就十二年。

在这十二年中，他从一个基层的业务员成长为市场部经理。下面我们听听他的职业成长之路："挑战当然有，特别是工作到第六年的时候，我觉得自己都麻木了。那年公司评优秀员工，我因工作满六年，没有犯过重大过失，做出过业绩，被评上了。当时拿着公司给的奖状和两千元的红包，我心里竟没有一丁点儿的喜悦，甚至有点失落和沮丧。这六年来，重复的工作就像重复的日子一样枯燥无味，更让我痛心的是，在这里，我没有了梦想。"

这时，有朋友介绍他到另一家公司工作，薪水很高。他很小心，选择先试用一个月，于是利用休年假的时间到新公司"就职"。这一个月给他的感受是："天下的工作是一个模子里刻出来的，不同的是我们对待工作的心态。"

这次经历让他彻底明白，任何一家企业都有优点和不足，就像婚姻，要想与爱人长久相伴，首先需要接受爱人的缺点。在工作中，要摒弃掉这山望着那山高的心态。

于是，他静下心来，对自己的处境进行了冷静的分析，分析的结果是：要想让工作和生活变得有意义，必须学习，提高工作能力。

工作能力提高了，业绩来了，这是第一大乐趣；工作能力提高，不用累死累活地加班，有助于更好地生活，这是第二大乐趣。

他说到做到，利用工作之外的时间，对专业知识开始学习再学习。

不久，公司进行组织架构调整，正式组建市场部。经过多轮竞聘，他成功当选市场部经理。市场部的工作打开了他职业生涯的另一扇窗。由于他具有丰富的一线销售经验，再加上勤于思考，进步很快，他的表现得到了公司的认可。

"说到收获，跳槽如果只是为了升职、加薪，那这两者我在公司都得到了。"他说，"但我更看中的是在团队中的价值，公司和团队成员的信任，不是短时间内可以形成的。而且十年的'深耕细作'，让我对行业有了很深的了解，每年的战略研讨会，我的想法和建议公司都很重视，这让我很有成就感。"

最后他总结："当然，我很庆幸公司给了我机会，让我从事喜欢的工作，能够发挥自己的能力。这也是我留下来的关键因素。"

他说得对，我们对待工作，就像经营婚姻一样，若想从两情相悦到长相厮守，还需要双方的相互包容和努力。

在职场上，那些精英之所以能够借助工作实现梦想，是因为他们会把梦想和工作完美地结合，并付诸行动。梦想一旦被付诸行动，就会变得神圣。

不要把事业梦想想得高不可及。实际上，梦想的大门一直向你敞开着，只不过有些门虚掩着，需要你走近看看；有些门关上了，

未来怎么样,取决于现在怎么做

但没上锁,需要你走近推推;有些门看似锁上了,其实锁一拉就开;有些门确实锁得很紧,但门的旁边还有门……不要远远观望,就作出臆断,更不要还没行动,就告诉自己不行。

不管什么时候,你都要告诉自己:梦想的大门随时为我留着,让我去开。

16
有时候"最爱"比钱更重要

洛洛是我认识多年的"忘年交",毕业于某艺术学校,是一个高颜值的文艺男,家境好,人聪明机智,情商也高。毕业后,洛洛有钱的老爸花高价找编剧,为他量身写了一部剧本,又请了小有名气的导演,准备让他主演这个剧,一举成名。

当所有事情准备就绪,就等他点头时,他却把一段"我的名气我做主"的视频通过微信传给父母,然后关掉手机,背起心爱的吉他,去他的世界里打拼了。

气得他的父母发誓再也不管他了。

实际上,洛洛潇洒的背后,有着欲说还休的辛苦打工史。

洛洛毕业两年,换了四份工作,第一份工作做了半年,只拿到一万块钱。当然,他不缺钱,但他太要强,父母给的信用卡,他从来不用。第二份工作,他因失职,试用期没满就被辞了,第三个月的工资也被扣了。第三份工作,他没干满一个月就离开了。第四份工作,是电视剧制片助理,没有底薪,项目谈好了才能拿到提成,

未来怎么样，取决于现在怎么做

更为重要的是，如果表现好，能在一个他拉的项目中扮演一个小角色。

第四份工作，他做到第五个月时，才拿过一次项目提成——两万元。

他说虽然第四份工作没有保障，但他爱死这份工作了。他说为了这份爱，他要坚守下去，前三份工作所受的苦，都是为了迎接第四份工作。

"别问我明明可以靠脸吃饭，为什么还要拼才华。"洛洛在微信上自嘲，"不为别的，只为了我的最爱。"

在星巴克那优雅的音乐中，洛洛笑得一脸灿烂。

看到他俊朗的眼眸下阳光般的笑，我忍不住问："你确定你真的爱这份工作？不想通过父母提供的捷径成功？"

"这你就不懂了吧。"洛洛冲我神秘地笑笑，"工作和老婆一样，是要陪我们一辈子的啊，不找个最爱的，那过得多没劲。"

所以，我甚是佩服像洛洛这样的年轻人，为了追到所爱的工作，他们会在明明不用吃苦的时候，自寻苦吃。

"杨老师，您说聊天最大的乐趣是什么？"有位叫小纪的男孩在微信上问我。

在我的微信粉丝中，90后的"小朋友"占五分之二。

我几乎每天都会收到他们五花八门的留言。

起初，我还绞尽脑汁地回答他们的问题，但我发现，我的回答经常跟他们不在一个频道上。碰到个性强的，还会把我好一顿数落。

吃一堑长一智，我也不按套路出牌了。

"你说呢？"我把这个问题抛给小纪。

"哈哈，最喜欢跟杨老师聊天了，跟我一样，狡猾得像狐狸。"小纪接着回答了他自己的问题："聊天最大的乐趣就是跟您这样的人聊啊，棋逢对手，我抛出的点您瞬间能想到，我扔过去的暗语，您也能立马接稳。"

听了这话，我暗自高兴，幸好我机智，没有讲一大通道理。

"哦，这有点像爱情中情人的对话哦。"我说。

"完全正确。最郁闷的事莫过于遇到一个长相符合你的期望值，结果一开口和你完全不在一个频道……然后和你聊得非常开心的人，又完全不可能发展成男女朋友……伴侣不易啊，聊得来的长相不过关，长相过关的志趣又不相投。"小纪滔滔不绝，"聊天跟我们找工作是一样的道理啊。"

"真正重要的是你爱的。"我揶揄道，"你爱了，什么长相，什么聊不到一起，全不是问题。"

"那是，为了所爱的工作，上刀山下火海我也在所不辞。"小纪说，"对于我来说，这才是好工作。"

什么是自己所爱的工作？

就是无私地、全心全意地付出。这种爱，达到一定境界时，就像父母对孩子的爱，不会太在乎回报。对于这一点，小纪是深有体会。

小纪从22岁大学毕业到现在，一直从事动画编剧工作，五年了，中间没有换过一次工作。

未来怎么样，取决于现在怎么做

他刚做这行时，薪水不到三千元，因为喜欢，他坚持了下来。他说，为了能够让自己的脚步跟得上行业的步伐，他的业余生活过得像苦行僧一样。

为了省出进修的学费，小纪租了一间只够放一张床的房子，每个月交不到三百元的租金。平时他吃的都是最便宜的泡面，节省下来的钱全部用在了动画编剧培训上，而且选择的是高级班。

夏天太热，小纪不想在蒸笼一样的房子里待着，就天天加班。他说，起初是想蹭公司的空调，没想到加着加着竟然加出了成绩。

他经常超额完成任务，灵感迭出。他的许多奇思妙想，都是在半夜加班时冒出来的。

后来，小纪负责的一个项目，在为公司赚到一大笔钱的同时，也让他工资翻番。另外，公司领导还特意为他在公司附近租了一间房子，方便他上班。

现在的小纪仍然是一个"工作狂"，虽然公司规定的休息日是两天，但他坚持一周只休息一天，只不过，因为生活条件改善了，他可以在家里舒服地加班，不用再跑去公司了。

朋友聚会时，大家一谈到工作，就笑小纪是个"痴情"男，五年如一日地迷恋着自己的工作。

小纪并不恼，他说要把"初恋"变为"老婆"，守着这份工作，努力地爱，拼命地爱，慢慢到老。

巧合的是，小纪快要结婚的女朋友也是他的初恋。

能够和两个"初恋"相守到老，这是多少痴情男女的理想，不好吗？

小纪谈到自己的经验时，说："我从大一开始，就思考以后做什么工作。"

那时，他喜欢绘画、写作、计算机编程、主持、唱歌、设计，等等。他在发展这些兴趣爱好的同时，也在了解自己、挖掘自己的潜力，看自己在未来的职场中适合担当怎样的角色，要知道，不同的兴趣爱好会把人引向完全不同的人生。

"我找工作就是'跟随自己的心'，所以，一毕业我就奔着动画编剧找工作。由于没有工作经验，我在试用期只拿着保底一千五百元的工资。因为是自己喜欢的工作，我并不太在意薪水的多少。记得我试用期过后，拿到五百元的岗位津贴时，还有点小惊讶，心里还想，这份工作怎么会有这么多钱？"

小纪在谈到自己的工作时滔滔不绝："现在想想，如果只是为了钱而工作，一旦遇到挫折，一定会很沮丧，更谈不上激情和忠诚。钱只能让我们高兴一时，对我们的长期职业发展无益。而做一份自己热爱的工作，你会从中获得加倍的快乐和回报，所以一定要记住，永远要跟随自己的心。"

有一次，我在给学员讲课时问大家："大家认为什么工作是好工作？请认真思考后回答。"

我的话音刚落，就有一个男生大声回答："像女神一样的工作。"

众人哄笑，有人鼓起掌来。

我笑着问那个男生："哥们儿，你现在从事的工作是你的'女神'吗？"

未来怎么样,取决于现在怎么做

他不好意思地摸摸后脑勺儿,幽默地回答:"当然了,否则我不会在这一行一干就是八年。"

"八年?"我颇为惊讶。

"杨老师,他是我们的营销总监,让他讲讲他和'女神'的爱恨情仇吧。"

台下的学员起哄。

他大大方方地说:"说实话,我刚开始并不喜欢自己的工作,觉得这份工作不是一般的难干。被各种人嫌弃,有时连自己也烦自己。但我这个人有一股拧劲,一旦选择做某件事,就非得把这件事做好不可。当时有朋友介绍了其他高薪工作,我都不为所动,有一种要'吊死'在这份工作上的变态式的固执。我觉得自己更变态的是,工作中遇到的困难越多,我越迷恋它。"

说到这里,他笑起来,说:"在解决困难时,那真是一种享受。现在我明白了,我在工作中能有这种心态,是因为我的好习惯。我习惯了征服,当我把工作中的绊脚石踢开后,我便可以与那看似高高在上的成功近距离接触。此时我觉得这份难干的工作终于臣服于我的脚下了。当它一次次被我征服后,我便爱上了这份工作,在心里把它当成了'女神'。这些年我虽然历经挫折,但在抉择的关键时刻,还是坚定地选择了留下。"

台下响起热烈的掌声。他不忘嘱咐大家:"你们记住了啊,在选择工作时,即便你不小心选择错了工作,也不要轻言放弃,好好干,没准你会把它打造成'女神'级别的工作,这样你再好'色',也不会移情别恋的。"

在职场上，当我们遇到真心热爱的工作时，能够更好地发挥我们的潜能，即便每天做重复的工作，也不会感觉到枯燥、无聊，即便遇到困难，也不会轻易放弃。

有时候，我们可能无法自由选择自己所爱的工作，而只能被迫选择自己不喜欢的工作。在这种情况下，你千万不要以敷衍的态度去应付工作，而是要试着去爱自己的工作。因为人是一种习惯性动物，一开始你并不一定知道自己的兴趣所在，你可以让习惯引导你的职业生涯。

17
知道你能力的边界，才会成功

几年前，我在招聘员工时遇到这样一个应聘者，他是一个颇有工作经验、能力很强的男孩，在与他交谈时，我发现他不但具有敏捷的思维能力，而且富有创新精神。

爱惜人才的我当场就决定录用他，并告诉他，如果方便，第二天就可以上班。

看我这么赏识他，他不好意思地说，他想来我这里工作，是为了锻炼自己的耐心。这几年，他换过四五家公司，每去一家公司，都干得不错。但慢慢地，他就烦了、厌了，然后就辞职走人。

"我总是觉得凭自己的能力，完全可以自己创业当老板。"他说，"总是打工，我觉得不甘心。"

他身边的同学和朋友，有很多没有他聪明，没有他能力强，但不像他这么跳来跳去，所以混得都比他好。

我告诉他："你现在发现了自己的缺点，就是一大进步。"

他开始在我这里工作，不得不承认，他的工作能力不是一般的强。他上手快，又肯吃苦，业绩蹭蹭地上升。

一年后,我发现他的工作热情大减,无法超越自己。

有一次,他找到我,说对工作越来越没有兴趣,问我能不能给他调调岗位。

我没有答应,只是告诉他,任何一份工作,随着时间的流逝,都会变得重复性更强,如果你把宝贵的时间都用在不停地尝试、追求新鲜刺激上,那么你永远无法超越自己。

他问:"那我怎么办?"

我说:"越是感到工作枯燥,越是不想做什么,就越应该去做。记住,当你觉得工作难做的时候,也是你的能力提高的时候。"

他长叹一口气,说:"试试吧。"

L 是 80 后,人长得文文静静的。

她刚来我的公司时,基本上是零基础,但她很清楚,自己之所以选择做销售,是因为擅长与人打交道。

第一个月,她在不太熟悉业务的情况下,就完成了公司要求员工第三个月达到的业绩。看她能力这么强,公司提前让她转正了。

她并没有因此沾沾自喜,而是对自己进行了分析,她觉得自己能做出这样的好成绩,能力在其次,更重要的是她完全融入了公司文化,借着团队和领导的帮助,施展了自己的才华。要想继续保持这样的成绩,必须加强业务能力,只有这样,才能不断创造更好的成绩。

接下来,她针对自己的优缺点,开始调整自己。利用下班时间学习,对工作做总结,制订短期和长期的工作计划。

未来怎么样，取决于现在怎么做

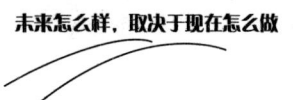

一年后，她因业绩突出，被公司破格提升为分公司经理，但她上任不到三个月，就向领导提出不想当经理了，因为她觉得自己的能力在销售方面，在管理方面欠缺太多。

公司尊重她的意愿，让她专心做销售。她在短短三年的时间里，销售业绩达到百万元，成为公司最有潜力的员工。

在谈到工作经验时，她说："我们在工作中，要不断拓展自己的疆域，试着了解一些看似无用的东西，说不定什么时候，这些积累就会给你提供一个新的可能性。"

接着她举例，她虽然是做销售的，但平时喜欢和做会计、编辑的朋友聊天。她从做会计的朋友那里学会了细心，她在接待顾客的时候，会把他们的信息详细记录下来；她从做编辑的朋友那里学会了耐心，每当她在工作中感觉到不耐烦时，就会要求自己静下心来，谨慎行事。

在工作中，保持专注而积极的态度，不断调整自己的工作方法和心理状态，在潜移默化中会扩大自己能力的疆域，各种机会就会源源不断地找上门来。

我是一位讲师，但我会唱歌，舞跳得也很好。我的徒弟、员工，我在招聘他们进公司时，会要求他们发展一两项兴趣爱好。

讲课是很枯燥的，一讲就是一两个小时。我在讲课的过程中，讲到兴起时，会唱歌来调动气氛，偶尔也会跳跳舞。因为我会说相声，那些幽默风趣的语言便信手拈来。

这样一来，我讲课时的气氛会变得很轻松，大家听课的兴致也很高。

我再回头说我的那个员工的事情。他没有坚持下去，不久就从我这里离职了。

半年后，他又回来了，这次，他再也没有走。

他能留下的原因很简单，就是斩断自己所有的退路。他说："我离开公司后，没有去找工作，而是按照自己的意愿开了一家店，明知道这家店不赚钱，但我还是把店盘了下来，在我赔光所有的积蓄后，发现自己真不适合当老板。这回我终于认清自己了，我只适合在领导的指导下带一带团队。"

所以，勇于尝试并懂得适时退回到最合适自己的位置上，并不是懦弱的表现，相反，能承认自己的局限，在个人的局限性中有效地燃烧，是一种难得的智慧。

未来怎么样，取决于现在怎么做

18
痛不欲生的事情会让你变得更坚强

有一年，我在南方一个城市的街头推销产品。我摆好鞋摊，热情地邀请过往的行人来我这里免费享受擦皮鞋的服务。

一个中年男人走过来，我看到他的皮鞋脏了，就主动上去对他说："大哥，您好，耽误您几分钟，我来帮您免费擦鞋，我们公司的鞋油质量很好。"

他上来就爆粗口："滚蛋。"并顺手把我手中的鞋油打掉在地。

那一刻，我惊呆了。虽然我在推销过程中遇到过很多无礼的拒绝，但像这种蛮横无理的粗暴拒绝，还是第一次遇到。

我第一次感到了愤怒，但我忍了下来，弯腰捡起掉在地上的鞋油，微笑着礼貌地对那位大哥说："抱歉，打扰您了。"

那是一个飘着细雨的秋天，天气很冷，我的心更冷，感谢雨水流下来挡住了我的眼泪，让我的眼泪看起来更像是雨水。

这件事情发生后，我开始重新审视自己的工作方式。我认为，这位顾客对我发火，一定是我的言行有不妥之处。每个人都有不如意的时候，或许那位顾客当时心里正窝火，想安静一会儿，我却不合时宜地撞到了他的"火山"口上。

"以后再跟顾客交流时,除了热情外,还要学会察言观色。"我对自己说。

果然,我后来遇到的客户,再没有人态度那么恶劣。

小艾是我的一个亲戚,几年前,运气砸中了她。英语不怎么好的她,顺利进入一家外企做总经理助理。

一般来说,在外企工作的员工,懂英语是必需的,至少要达到六级,何况还是总经理助理,而大专毕业的她,英语连四级都没有过。

只是因为当时正值年底,员工跳槽的多,这家公司处于"用人荒"阶段,就想用她一段时间后,再另觅更合适的人。

别感叹这家公司"过河拆桥"——没办法,这就是职场,优胜劣汰。

小艾到公司后,因为大家都知道她的学历背景,对公司不打算留用她的事情也心知肚明,便什么杂事都让她干,指使她时也一点儿都不客气。

有一次,她被临时派去接待一位外宾,闹出不少笑话,险些被辞退。

她下决心要学好英语,于是到学费很贵的一对一英语速成班学习。

在公司里,她继续被同事们使唤着,经常到销售部去替因事请假的同事送货。原本做事没有规划的她,为了在短时间内把货送给

客户,愣是逼着自己学会了时间管理、统筹安排,办事效率大大提高。

策划部的同事们忙时,会让她帮忙校对广告文案。她平时喜欢写东西,为了提高自己的审校水平,她要求自己每天要达到一定的阅读量。

那段时间,她边工作边学习,虽然很忙,但她把时间管理得很好,工作和学习都非常高效。半年后,她居然成为公司的全面手,几个部门有什么事情时,都会习惯性地找她帮忙或是拿主意。

一天,公司人事部主管找她谈话,告诉她,从下个月起,公司特意为她设了一个头衔:部门总助理。

也就是说,让她协助参与各个部门的工作。

据说这个头衔是各个部门的负责人商量后向领导提议的。

大家给她的评价是:她是做事不温不火的将才,该给她一个职位。

小艾对我说,她现在想起刚进公司那会儿,每个休息日辗转在各个培训班,在地铁、公交上戴着耳机背英语,雪天里给客户送货,晚上睡觉前加班写广告文案的一幕幕时,感到无比的美好!

不管是刚步入职场的新人,还是在职场已经打拼了一段时间的老员工,在工作中难免会遇到一些烦心事,难免遇到一些让我们难堪,给我们出难题的人。这个时候我们难免会抱怨,久了,还可能将这些人当作自己的敌人。其实,你应该感谢那些让你身处逆境的人,因为看低、讽刺、使绊子,会让你遇见更强大的自己。

在2016年热播剧《女不强大天不容》中,女主角郑雨晴从报社实习生开始职场生涯，到35岁时便晋升为都市报第一任女社长，她的成长、成熟、蜕变，主要是因为她在工作中所受到的各种挑战，让她获得了快速成长的机会。

郑雨晴为了跑新闻风吹雨打，为了赶稿子加班加点，为了查明事情的真相挨个寻找采访对象，领导让她写检查，还要检查她的措辞是否妥当，她要随报社领导去开检讨会……好在领导惜才，让她用笔名继续写新闻报道。

而她经历的这些在当时看来令她痛不欲生的事情，都为她以后的强大做了积淀。她能坐上社长的位子，这些经历功不可没。

"这么难做的工作，领导凭什么分给我？"

"我每个月只拿这点工资，为什么还要额外做这些工作？"

"工作压力让我无法承受了。"

……

不是你的事，你可以不做，不做你也无过，但是，不是你的事，你做习惯了，做上手了，做擅长了，本事就变成你的了，功劳也变成你的了，很快名利也就跟着来了。

所以，你要记住：让你烦恼的人，是来帮你的人；让你痛苦的人，是来渡你的人；让你怨恨的人，是你生命中的贵人；让你讨厌的人，恰恰是你人生中的大菩萨。他们都是你自己的不同侧面，都是另一个你自己。感谢你所遭遇的一切，这一切必将有利于你成长！人与人之间的紧密关系比生意本身更重要！心中能容多少人，事业就能做多大！

第四章 你的态度,决定你职业的高度

未来怎么样, 取决于现在怎么做

19
你的态度，决定你职业的高度

亲戚家的女儿小然，大学毕业后，在一家公司做文案。她工作三年了，每个月工资不到三千元。

"我并不是嫌钱少。"小然在微信上向我诉苦，"我感到在这家公司没有一点前途，你让我去你的公司吧。我想让你带带我，往职业讲师的方向发展。"

小然家境不好，她深知父母供她上完大学不容易，所以，她每个月都寄回家里 2000 元钱，自己留下 1000 元零花。因为担心辞掉工作后短时间内找不到工作，她才坚持三年没有换工作。

我印象中的小然是一个很努力、很有责任感的女孩，在这个年轻人热衷于跳槽的时代，她能三年不换工作，实属不易。除了她的家庭条件外，也说明她喜欢这份工作。

我虽然想帮助她，而且我这里确实也缺人手，她能够来我这里，与其说是我帮她，不如说是她帮我，但是，我觉得让她舍弃那份做了三年的工作有点可惜。

于是，我劝她再考虑考虑。

她答应一个月后给我回复。

见过我工作的人，都说我是工作狂，若忙起来，我能连续工作十几多个小时，忘记吃饭是常有的事情。

一个月里，我有20天在外地，不是讲课就是在分公司处理事情。受我的影响，我的徒弟和我一样，都是名副其实的"工作狂"。

"你们别像我这样累，我这副老身板，当年做销售时久经考验，加班加点已成习惯。你们还年轻，要注意休息。"我不想让我的员工像我一样累，就劝他们，"说句实话，我是老板，忙是应该的，毕竟，公司是我的，赚得再多也是我的嘛。"

"哈哈，杨总，你别忽悠我们了好不好。你是不是觉得我们傻？你当我们加班跟你一样累啊，这么想你就大错特错了。我们加班是在休息，跟客户聊的不仅有工作，还有生活。"

90后员工V，大学毕业后，就来我的公司做销售。工作四年，他每个月拿的提成比我讲一堂课还多。

"杨总，告诉你一个在工作中休息的窍门。"85后美女主管笑着打趣，"跟客户互动时，我会跟他们微信视频，给他们跳你教我们的独门绝技——健美操。有的客户兴致来了，还让我教呢。"

"呵呵，我们厉害吧。"他是小张，刚到公司时，家里发生了重大变故，年轻的他挑起了家里的重担。家庭的处境让他性格内向，一跟陌生人说话就脸红，但现在他跟着我出去讲课，课前与学员互动时，他会先唱歌调动气氛。

未来怎么样，取决于现在怎么做

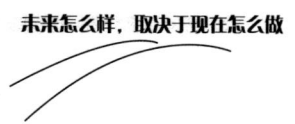

"你都不看看我们是在谁的手下混饭吃？"

"你也不看看我们年轻人是多么会工作。"

……

我好心的提醒，被这些年轻的小伙伴一顿炮轰。

但我又不得不承认，正是他们对工作的这种乐观的态度，才让公司充满了活力。

每次公司有新同事正式入职，我都会告诉他们："工作能力差没关系，我当年做销售时，工作能力差劲极了，但我把工作当成维持生计的唯一出路来对待，事实上它也是。这样我会全力以赴地工作。说得透彻一点，对工作，要拿出一个态度来！"

我坚信，有了正确的工作态度，你想做不好工作都难，你想不拿高薪都难。

就是这一支年轻的团队，不管下班后多么放松，一到公司，一投入到工作中，就无比热情。

他们在这里，工作业绩虽有不同，拿的薪水也不一样，但他们在工作过程中的成就感是相同的。他们在各自工作中的表现，我给他们统统打 100 分！

所以，当小然像我的一些读者一样，在微信上向我诉苦时，我是很不理解的。

我相信，小然来我的公司，一定会有所改变的。

事有凑巧，我正好去小然工作的城市讲课。

我特意把回程的飞机安排在了晚上,下午讲完课,我就去小然的公司找她。

小然所在的公司规模不小,公司的环境也不错。我去时已经到了下班时间,但各个部门的员工却都没有走的意思。

你如果觉得他们是在加班,那你就高估他们了。

成了家的女员工,有的在打电话,有的在拆快递员送来的包裹,有的在谈论老公、孩子……

没成家的女员工,比如小然她们,在满脸喜悦地热聊化妆品、韩剧中的帅哥……

而男员工,有的在谈论足球,有的在用微信和老婆(也或者是女友)聊天,有的在讲海贼王,有的在玩游戏……

总之,大家比上班时间还忙。

磨蹭了快一个小时,小然才到前台打了指纹卡。

在路上我问她:"你们这算是加班吗?"

她摇摇头。

"不加班,为什么不走?"我诧异地问。

"你没看我们都是电脑 QQ 在线吗?"她笑得一脸诡异。

"几个意思?"我不解地问。

"就一个意思。老总这几天在外地出差,无法监督我们,就用是否 QQ 在线看我们的工作情况。"她笑得一脸灿烂,"所以,我们就坚持着都不走。"

我听了瞬间怔住。

作为一家公司的老总,我可从来没有想过,同事们会用这一招

未来怎么样，取决于现在怎么做

来哄骗老板。

有句话叫，骗人就是骗自己。他们用这种消极的态度对待工作，其实也是在拿自己宝贵的时光下着必败的赌注。

那一刻，我明白小然为什么三年不涨工资了。

我甚至惊讶这家公司太强大了，三年时间，居然没有被这样一群员工给整垮，这也算业内的奇事了。

几年前，我在网上看到这样一个故事，说有一家中国公司，请了一位丰田专家帮助实施丰田式精益管理。这位专家到这家公司待了几天，在了解员工的工资情况与工作情况之后，说了两句话，第一句话：看到你们的工资这么低，觉得你们真不值得为这样的公司与老板工作；第二句话：看到你们这样的工作，觉得你们真不应该有饭吃。

刚看到这个故事时，我觉得是公司的制度有问题，现在我再想起这个故事，感觉公司老板和员工都有问题。

作为公司老板，连员工基本的工作态度都无法改变，如何让公司发展？

作为员工，你连基本的工作态度都没有，何来美好前途？

小然到底没有来我的公司就职。

那次我去过她的公司后，建议她请几天假来我的公司"热身"。于是，她请了一周假，来我的公司实习。

她来公司的第三天，就决定回去辞职，然后跟着我干。她在听我讲完一次课后,坚定了要当讲师的决心。

她来公司的第五天,跟我公司的员工一起工作时,她改变了主意,决定留在原公司。

她在第七天实习结束时,向我提出,让我到他们公司去讲一天课。

因为我讲课费用很高,她怕说服不了领导,想欠着我的。

我明白她的良苦用心,她对自己的公司有着深厚的感情,是想让我的课改变公司的现状。

她是一个有前途的姑娘,我破天荒地答应等她赚到钱后,再付我讲课费的要求。

人的潜力是无穷的,但是我们往往会给自己或别人找借口:"管它呢,我们已经尽力了。"

事实上尽力是远远不够的,特别是在现在这个竞争激烈、到处充满危机的年代。常常问问自己:"我今天是在老板面前装装样子,还是全力以赴地把工作当成唯一生存的出路,拼尽全力去工作?"

当你想明白这个问题时,你再去找工作吧!

20
在自己的世界里"我行我素"

他是私生子,他的母亲在怀着他时就决定把他送给别人。他的养父母家虽不富裕,但尽可能让他接受了完整的教育。

他从小就不是个让人省心的孩子,性格孤僻、偏执、不合群,爱招惹是非。养父母好不容易把他上大学的学费凑齐,他却在上了半年后就辍学了。

离开学校后,他在一家公司工作,因为不合群,领导只让他晚上工作,以避免与其他同事见面。

他虽然技术能力一般,但有商业头脑,又天不怕地不怕、固执、一条路走到黑,还有死缠烂打的本领。在他的牵头下,他与两位朋友成立了一家公司。

他是个典型的工作狂,他要求自己把工作做到完美。他们公司制造的产品,他要求以消费者的需求为导向,他注重技术,但更注重技术带给人们的使用体验。

在他眼里,世界上只有两种人:一种是像他一样的天才型工作狂;另一种是他瞧不起的平庸之辈。

他令人难以忍受的个性，在创业过程中反而成为优点，他锲而不舍的精神，是他的公司成功的关键因素之一。在他偏执的坚持下，公司的资金、管理层都走上了正轨，从而为他以后的辉煌创造了条件。

几年后，他创办的公司上市，他的资产达到了 2.175 亿美元，他在 25 岁就成了亿万富翁。但不久他被公司辞退，开始了长达 10 年的流放之路。

对于他来说，这 10 年的流放显得弥足珍贵。如果他不被流放，就永远是那个狭隘、狂妄、目光短浅，除了对计算机和佛教热爱之外，对其他事物一无所知的人。

正是流放的生活，为他打开了另一扇门，让他接触到了更广阔的世界。他用 1000 万美元收购了一个动画工作室，这使他脱离了电脑的小圈子，在另一个领域闯出了名声，这不仅给他带来足够的收入，还让他的视野更加广阔，让他认识到电脑只是消费产品中的一种，而所有的产品实际上又有着共同的特征：必须让用户喜欢，肯为它掏钱。

1996 年，他回归原公司。他有意把电脑设计得与众不同，酷味十足。为了做到让人们喜欢，他更加追求产品的完美，甚至比以前更苛刻，任何一个细节都无法逃脱他的质疑。为了做到完美的设计，他严格地控制着产品的每一个环节。

他推出了五彩的 iMac、MacBook 等产品，还推出了能够塞入一个信封的 MacBook Air，重新定义了什么是电脑的品位。随后 Apple V 和 iTunes Store 等一系列产品受到了市场的认可和好评。

未来怎么样，取决于现在怎么做

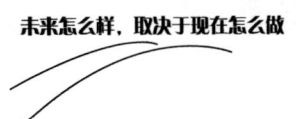

2007年6月29日，他的公司又推出自有设计的iPhone手机，使用iOS系统，随后发布新一代iPhone 3G以及iPhone 3GS。

2010年6月8日，公司发布第四代产品iPhone 4，每次新产品上市都引起世界极大的疯狂和销售热潮。

他，就是乔布斯。

佛曰：一花一世界。每个人都有自己的世界，你要想在自己的世界里我行我素，就得像乔布斯一样，拥有我行我素的资本。这些资本就是，正确地评估自己的禀赋和才能。

盛夏7月，在北方的一座城市，我见到了阔别多年的中学同学。

他租住的画室，有一百多平方米，里面摆放着他这些年的画作，有海景画、夜景画、街景画、山水画、油画……

"这哪里是画室，分明是一座充满诗意的城堡。"我由衷地赞叹，"让人感觉进入了缥缈的仙境。"

他微微一笑，说："在我看来，这里不是仙境，而是由不同故事串成的一个世界。每一幅画，我都能讲出一个美好或是悲惨的故事来。"

"这么有意境的画儿，一定有很多人想高价买走吧。"我对这些画儿早爱到心里去了，想讨要一幅，又不知道如何开口。

"是呀，出的价蛮高的。"他沉吟着说，"我舍不得，感觉这些画缺了任何一幅，我的世界都不完整了。"

"有些东西，并非是用金钱来衡量的。"我发自肺腑地说。

我这位朋友，自小爱画画，大学毕业后，他没有按照家人设想的那样,找一份高薪的工作,而是背起画夹,在全国各地游山玩水,寻找灵感。

需要钱时,他就在路边摆摊为路人画肖像。十几年来,他居无定所,始终处于半饥饿状态,但他却在漂泊中,画下了许多弥足珍贵的画作。

这些年来,不理解他的亲朋好友,说什么的都有,每次传到他这里时,他都一笑而过。

"过段时间,我要举办个人画展了。"他平静地说,"有几幅画在国外获了奖,朋友们催着我办画展。但我这画室里的画,我要留下来。"

"为什么?"我有点惋惜。

"这些画是我在最艰难时画的。"他满足地说,"当我一无所有只有灵感时,她们就像从我精神世界里长出来的神灵,通过我的画笔,成为现在的样子。"

"她们是你的得意之作吧?"

"不,她们是这个浮躁的社会里,唤我回归淡泊宁静的天使。她们赠予我安宁的世界。"他伫立于画作旁,望着悬于墙上的画,眼眸里流露出炽烈的爱。

这是一双多么清亮的双眼,他静静地望画,我默默地望他,认真倾听他温和的话。这一刻,他不再是曾经那个桀骜不驯的少年,而是成熟稳重的画家。

"我们都需要这样一个世界,这个世界因为有梦想,能让我们放弃所谓的名利,不在乎别人的眼光和评价,不计后果地去追寻。

未来怎么样,取决于现在怎么做

在这里,没有失败和后悔,只有忘我的专注和从心底冒出来的快乐!"他的话让我震惊不已。

要想让自己变得足够强大,不是看几篇心灵鸡汤或是一些名人励志格言,就能做得到的,而是需要你真心地热爱你身怀的"绝技"。

几年前的冬天,北风凛冽,我看着半个月都没有推销出去的那箱鞋油,作出了一个大胆的决定。

是的,我要免费给顾客擦皮鞋,让他们通过我真诚的服务来了解产品。

我来到这座城市的商场门口,拿出擦皮鞋的用具,热情地招呼着顾客。

起初,人们都不肯让我擦,对着我指指点点,有的甚至称我为"骗子",我微笑着面对他们的议论,始终耐心地解释:"请大家相信我,我免费给大家擦皮鞋,是想让你们享受我的服务,不会强迫你们买我的产品的。"

人越聚越多,说什么的都有。

但我很从容,我的世界里只有我对顾客的真诚,我是真的想通过免费给大家擦皮鞋,让大家了解我们的产品的,买不买都没有关系。

我的世界很真诚、很干净,所以,我能容得下别人的误解。我拥有了自己的世界,就像站在十几层高的楼上,能看清楼下的全局。

我认真地把第一位顾客的鞋擦得又光又亮,并热情地送他离开,其他顾客被我的真诚打动了，自觉排队等着我帮他们擦鞋。

好鞋油，加上我练了好几个晚上的擦鞋技术，虽然我没有向任何一位顾客推销鞋油，但他们大部分买了鞋油，有一位顾客是个体老板，当场向我订了一箱鞋油。

事后，有同事问我："在那么多人面前，你是怎么做到脸不红心不跳地演说的。"

我说："那一刻，我一心想着怎么为顾客提供最好的服务，让他们真正体验一下公司的产品。那一刻，我觉得我就是世界的主宰，其他人，只是我这个世界的过客。"

在这个世界上，我们无论做什么事情，都要胸怀大志，努力深刻地理解这个世界，这样才会被这个世界所接纳。

当我们遇到自己热爱的工作时，就要全力去打拼，不要管别人怎么说，更不要被陈旧的条条框框所限制，在条件允许的情况下，勇敢地追求自己的梦想。

只有这样，你才能在属于你的世界里心无旁骛地书写你的故事！

21
想要到达繁华，必经一段荒凉

"杨老师，现在公司的老板都这么狠吗？我工作这么多年，第一次见识到这么没有人情味的老板。"

K年轻漂亮，在一家文化传媒公司做采编。她上大学时，就是我的微博粉丝，我有了微信后，她又成为我的微信好友。

我不知道，这是她第几次在微信上向我发牢骚了。

"姑娘，你毕业两年了，如果我没有记错的话，你参加工作才一年多吧。"我提醒她。

"别看我工作才一年多，但我换了三份工作了，这是我的第四份工作。说实话，前三份工作都比我现在的这份工作好，收入高，也轻松，我就是嫌离住的地方远才辞掉的。"她振振有词。

这前三份工作，第一份工作是公司嫌她没有经验，没有责任心，第一个月没到头就把她炒了；第二份工作，她试用期还没过，公司就以她不适合为由辞了她；第三份工作她嫌工资少辞职了。这些事她曾跟我说过。

或许她忘了，我没有点破她。

她继续抱怨:"真是太不公平了!苦活累活都让我一个人干。和我同去的那位大姐,不就是有几年工作经验吗?她试用期一过,就被调到业务部门了,工资是我的两倍,每天见客户时,穿着高跟鞋、职业裙,美着呢。哼,她不就是运气好吗,在试用期谈了一个大单,哼,凭什么总是他们出风头!"

听着 K 如江水般滔滔不绝的埋怨,我没有像以往那样苦口婆心地劝她,而是心平气和地对她说:"天下没有免费的午餐,你想在生活中拥有繁华,就得经过一段荒凉的路程。"

"什么叫繁华?我从小到大,从来不去追求什么繁华,也不想去追求,只想轻轻松松地过日子,有一份收入不错的工作来糊口即可,我可不想当什么女强人,经历那些沧桑和荒凉。"K 云淡风轻地说。

我笑了,说:"你说的轻松日子、高薪的工作,就是你心中想要的繁华,你若想拥有,就得付出对等的辛苦。"

"什么?我这么低的要求,也称得上是繁华?"她惊讶地问。

姑娘,什么是繁华?并没有确切的定义,但是一千个人眼中就有一千种繁华。容我给你讲一个名人的故事。

有这样一个天才,他有着让人无比羡慕的风光事业。

他在 2003 年赚了 1.2 亿元;2004 年和 2005 年,每年都保持在 1.5 亿元左右;2006 年,他的收入涨到 1.7 亿元;2007 年,他的收入增加到 2.6 亿元;2008 年,他的收入达到 3.87 亿元;2009 年、2010 年和 2011 年,他的收入分别是 3.57 亿元、2.5 亿元和 2.2 亿元;从

未来怎么样，取决于现在怎么做

2003年到2011年，他总共赚了二十多亿元。

然而，在风光的背后，他付出的是不为人知的代价。

2002年，11月2日，他右手指被打出血。

2003年，1月13日，左膝扭伤；3月27日，暂时性双耳失聪，不久，左眼遭到肘击，左眉骨破裂，缝了8针。

2004年，2月27日，髋部受伤；6月，右脚大脚趾被踩伤；几天后大脚趾趾甲被裁掉半个；6月底，左脚又扭伤；7月4日，两片脚趾甲被摘除。

2004年，10月28日，肘部受伤。

2005年，3月31日，小腿受伤；4月4日，下巴遭到肘击，随后又扭伤了右脚踝；4月13日，刚刚缝完4针的下巴再次遭到肘击；6月17日，左脚踝接受骨刺剔除手术；9月14日，下巴被击中，鲜血直流；12月7日，眉骨被击中，缝了9针；12月16日，左脚大脚趾被踩，趾甲脱落；12月19日，左脚大脚趾接受手术。

2006年，4月11日，左脚小脚趾骨折；4月14日，左脚被植入一根钢钉；12月24日，右腿胫骨骨裂。

2008年，2月27日，舟骨应力性骨折；11月27日，眉骨遭到肘击，缝了4针。

2009年，1月24日，膝盖伤复发；2月8日，左肩被撞伤；2月26日，眉骨被撞裂，血流满面；7月22日，左脚骨裂，接受骨裂修复手术。

2010年，11月11日，左脚踝应力性骨折。

2011年，1月7日，左脚踝接受手术。

总之,他这无比风光的 9 年,竟是一段鲜血淋漓的历史,从头到脚,共经历过三十多次创伤或手术。

他就是姚明。

伏尔泰说过:"不经巨大的困难,不会有伟大的事业。"

是的,人生就是如此:你想要什么样的繁华,就得吃相对应的苦,而这些苦,没有人能够代替你,你必须亲自去经历,去感悟。

在我们的一生中,有些路注定是要孤身一人走的,有时候,即便我们经历了一段荒凉的日子,也不一定能得到想要的繁华,但是却会让你收获一种莫名的力量。这种力量能够让你感受到自己的节奏,让你以跟世界不同的方式独自运转,从另一种途径走向目的地。

G 是一个大专毕业生,第一份工作是家具商场营业员,一个月工资 600 元,管住,即便在十几年前,这样的待遇也是很低的。

G 做事很认真,她很喜欢这份工作。中午,别的营业员犯困偷懒,而她却在看关于房屋装饰的书,研究每件家具的摆设,研究如何摆放家具才能让房间富有情调。

渐渐地,来买家具的人,都愿意找她,因为她不仅仅介绍家具,还像室内设计师那样根据顾客的要求,推荐他们想要的家具,并给他们提出摆放建议。多一项服务,顾客自然高兴。

那年年底,公司宣布要举办演讲比赛。其他员工听说要举办演讲比赛,都认为公司是没事儿找事儿。

"我们卖家具的公司,玩那么高雅的演讲做什么,不是浪费时间吗?"

未来怎么样，取决于现在怎么做

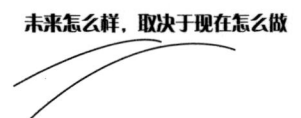

"有这个时间，还不如让我们多休息一会儿呢！"

……

在大家的抱怨声中，只有 G 认认真真地准备着。她每天早上 6 点起床看讲稿，为了锻炼自己当众讲话的胆量，她下班后就在小区里演讲，吸引了很多人。人们被她声情并茂的演讲打动了，纷纷鼓掌。

演讲那天，当 G 站在演讲台上，面对几百人即兴演讲时，引起台下董事长的注意。董事长觉得她是做业务的好苗子，就点名让她去了销售部，让她负责推销公司的新产品。

那时候的销售比现在难做多了，她几乎跑遍了整个城市的批发市场、零售市场，甚至连小区里的小卖部都跑过。

在她使用苦力战术三个月后，终于拿下了一些订单。

她说那时就想着，每天跑 10 个客户，一个月下来就是 300 个客户，总会有一个客户下订单吧。人总得经历这个过程，在经历了卖苦力的阶段后，她开始搭建客户资源，抽时间去参加一些商务会议及宴请活动，果然这样的活动更奏效。

她还为公司策划部出谋划策，慢慢地她成为公司的金牌销售。

所谓成功者，就像著名国学大师王国维定义的那样，要经历三种境界。

第一种境界：昨夜西风凋碧树，独上西楼，望尽天涯路——孤独的前行者。

第二种境界：衣带渐宽终不悔，为伊消得人憔悴——坚定的实践者。

第三种境界：众里寻他千百度，蓦然回首，那人却在灯火阑珊处——默默的探索者。

其实，我们只要多看一些中外成功者的传记，就会发现，他们无一不是经历了以上这三种境界。

今天满身光环的他们，昨天曾是屡战屡败、屡败屡战，在逆境中苦苦挣扎的落魄之人；今天领奖台上风光无限的他们，昨天曾是咬着牙、流着汗，十年如一日坚持奋斗的受苦之人；今天西装革履、意气风发的他们，昨天曾是顶着烈日、冒着寒风四处奔波的疲惫之人……他们在获得人生繁华之前，都品尝了生活中的酸涩与苦难。

所以，我们要想在有限的生命里做出一番成就，就得经历这样一段"荒凉"的路程。这段荒凉之旅，是命运之神用来渡你的，你只有尝尽人世间最苦的滋味后，才能享受并珍惜这人世的繁华！

22
不要把这个世界让给你鄙视的人

"努力吧,少年,不要把这个世界让给你鄙视的人!"

"在这个世界上,有人多温暖,就有人多冷漠,你不得不逼着自己更优秀,因为许多人等着看你的笑话呢。"

每当我看到 QQ 好友的这些励志签名时,都会忍不住感慨一番。

是啊,我们凭什么要把这个美好的世界,让给那些鄙视我们,还等着看我们笑话的人呢。

我刚参加工作时,同事 H 几乎要成为大家的公敌了。

H 是一位长得非常漂亮的姑娘:长发飘飘、肤白眸明、红唇皓齿,一米六几的苗条身材,穿啥都好看。

那时她二十五六岁,正值妙龄,又有夺人眼球的美貌,加上嘴甜,你可能会觉得她简直是一位"女神"。

但如果你能穿越到那个年代,面对真正的她,我保证她会颠覆你这种幻想,让你招架不住。

我是男生,和所有有"爱美之心"的帅哥一样,当初第一眼看到她，也动过追她的念头。可是，当我走近她、了解她后，你们就是打死我，我也不会再动"喜欢她"的念头了。

她长得是真美，但她的一系列做法却让人不敢恭维。

她有无数张面孔。

看到领导是一张谄媚奉承的脸；看到客户是一张假装热情的脸；看到有利用价值的人是一张巴结献媚的脸；看到那个离婚旧情人则是一张娇羞妩媚的脸；看到在工作上缺少建树的我们，则是一张尖酸刻薄的脸。

用一个网络名词形容她：绿茶婊。

"哟，就你这水平，你这形象，要不是公司大度，用底薪养着你，说不定你已经流落街头了，你饿不死就对得起养你的爸妈了。"

小组开会时，和我一起进公司的同事 D，在说到自己的年底目标时，H 呛了 D 这么一句。

这还不算，她还经常抢同事的客户。

哪个同事要跟客户签单了，她就来一句："这是我的客户。"然后不由分说，凭着她那点姿色，加上她那张"变化多端"的脸，轻而易举地就把客户归到她名下了。

同事多次联名到领导那里告她，都被领导一句"一个巴掌拍不响"为由打发回来了。我们能听懂领导的潜台词："你们有本事就从她手里把客户抢回来。"

在这里声明一下，领导袒护她绝非是被她的美色吸引，因为我们的领导也是女的。

那两年，还真没有任何一个人能超过她的业绩。

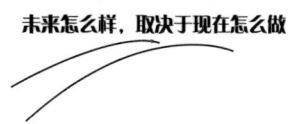

因为讨厌她,同事们私下里商量好,都不跟她说话。

而她,从来就不在乎,每天高扬着头,像一只骄傲的孔雀,看也不看我们一眼。即使因工作需要交流时,她也是大嗓门、高声调地训斥我们。

我们恨死了她,有好几个同事因看不惯她的嘴脸,在跟她发生冲突后,选择了辞职。

我离开时,和我一起进公司的 D,也就是被她嘲笑的同事,坚决地留了下来。D 说:"我不走,是因为我不想把这个世界让给自己鄙视的人!"

D 这个丑小鸭,果然没有食言。八年当中,她亲眼看着"绿茶婊"由辉煌到衰败:她跟旧情人的事情败露后,被原配狂打,臭名远扬;她对刚去公司的一位女同事嘲讽时,被对方还击,事后才知道对方是老板的女儿;她勾引客户时被客户的老婆找到公司……当她的丑事一桩桩败露后,她只得辞职。

D 凭着自己的苦干和实力,一步步走到了公司经理的位子上。

我的朋友 C 是一个喜欢发美照和心灵鸡汤的 90 后女孩。

每天早上她跑步时,都会晒出两个青春活力的健美女孩。一个是她,另一个女孩跟她一样年轻清爽,据说是她的闺蜜。每天中午,她会把自带的营养午餐晒一晒;每天晚上,她会转发一篇让人看后像打了鸡血似的文章。

工作中遇到困难和挫折时,她也会抒发一下小心情,但结尾总是一句:"我相信凭借我的努力和坚持,工作中的这些绊脚石都是浮云。"

C 的朋友圈，是一个充满正能量的地方。

不爱逛朋友圈的我，也会在疲倦之余，看看她转发的文章，顺便用她各个时期的美照养养眼——秀色可餐也可解累。

那是一个黄昏，我从繁琐的工作中抽身，想休息一会儿，有朋友给我发来微信，我回复朋友后恰好看到 C 转发了一篇文章，就打开看了看。

这篇文章是 C 写的，不长，只有一千多字，但字里行间，看得人心潮澎湃。

原来，C 是一个货真价实的"白富美"，她父亲经营着家族企业。最近，她的父母离婚了，拆散她父母婚姻的不是别人，正是跟她好得像一个人似的闺蜜。

"我陪着自杀未遂的老妈，告诉她，她的世界不能狭隘到只有老公，她还有我，她热情奔放的女儿；她还有自己热爱的工作；她还有很多爱吃的美食；她还有让我们生命焕发活力的各种运动；她还有美美哒的衣服；她还有老天爷免费馈赠的四季美景……哦，老妈，难道这些还不够你在这个世界上忙碌吗？"

读到这里，我的眼睛有点湿。

"老妈同意跟我一起练瑜伽、跑步，穿漂亮衣服，品尝自制的美食，偶尔做个工作狂人，我好幸福。以后我和老妈是最好的闺蜜。"

看着这稚嫩的文字，看着她真情的表达，那一刻，我好心疼这个年轻女孩的疗伤方式。我忍不住给她点了一个赞，又引用她文章的原话给了评论："你说得对，'好好爱这个世界，虽然不想与那些

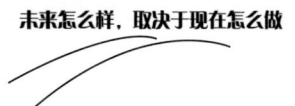

丑陋的人为伍,但我绝不会败给他和她。我要让自己活得漂漂亮亮,我要在这个世界里碍他们的眼。'美丽坚强的女孩,加油!"

几个月前,朋友的公司空降了一个部门经理F。在面试时,F无论逻辑思维、业务水平还是表达能力,都让我的朋友很满意。朋友原打算给她部门副经理的职位,想从公司内部提拔部门经理。

在面试F后,朋友把公司里他认为适合坐这个位置的员工在头脑里过了一遍,发现没有人比F合适。

左思右想后,朋友便通知F来上班。

F上岗后,没有让我的朋友失望。她按照公司的部署,对公司现有的产品、流程、制度等重新进行了梳理,并提出整改意见。虽然有些意见尚显稚嫩,但只要加以改进,就有很多可取之处。

看到F每天早早来公司工作,有时还做着本该下属做的活儿,朋友在心里感叹着她对工作的敬业,庆幸自己找对了人。

一段时间后,F部门的工作成果甚为可观,可令朋友料想不到的是,F部门的业绩虽然上来了,但找朋友告F状的同事多了起来。

"F刚来公司,哪里有我们这些老员工熟悉工作。"副总向朋友诉苦,"在她手下干活太累了。她做事情太吹毛求疵,我提的每一个方案,她都要让我改好几次,纯粹是浪费时间。"

"F的思想太落伍了,眼光还停留在几年前。你看她为产品设计的包装,土得掉渣。"F的助理向朋友发牢骚。

"F能力很一般嘛,你看她上班不到三个月,几乎每天都要加班,而且她加班的效率,跟我们不加班的效率是一样的。"F的下属不满地说,"我觉得她加班,是故意做给您看的。"

……

作为领导,朋友对下属的努力和功绩,心里明镜似的,对每一个员工的评判,他表面上不表态或是含糊应付,但心里却有一杆秤。

不得不承认,F让副总改过的方案,确实好多了。

F设计的包装,虽然不时尚,但那种产品是根据客户的需要定位的,产品是卖给老年人的,花里胡哨的图案,并不能吸引老年人的注意。

关于F加班是否有效率,从这段时间他们部门的工作进度就看出来了。自从F来后,这个部门的业务蒸蒸日上。

面对老员工对F的"投诉",朋友在安抚他们后,一笑了之。

看到下属对F"满腹怨言",朋友能想象F在安排他们工作时,他们所持的态度。有一次,朋友路过F的办公室,听到一个老员工在跟F顶撞。

"你才来公司几天,轮不到你对我指手画脚,我都来公司五六年了。"老员工不屑地说。

朋友回到自己的办公室时,想起F一脸困窘的样子,真担心F被这帮老员工"整"得有离开的念头。

庆幸的是,F从来没有找朋友诉过苦,更没有提出过辞职。

"我不会在乎这些的,他们的批评正好让我看到自己的弱点。我在这里还没有发挥出最好的状态呢,凭什么要让给那些对我质疑的人。"

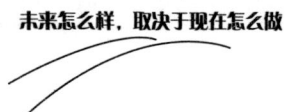

未来怎么样，取决于现在怎么做

有一次，F 在汇报工作时，朋友有意提到同事之间的相处之道，F 微笑着说了上面的话。

每个人的归宿都是化作黄土一抔。为什么我们明知生命的结局早已经注定，却还愿意这么拼、这么努力、这么辛苦？或许每个人都有各自认为合适的理由，但我认为最牛的理由就是：他们不甘心把这个世界让给那些等着看他们笑话的人。

当我们处在人生低谷，被人落井下石时；当我们稍微作出点成绩，被人诽谤诋毁时；当我们不思进取，被人骂作穷屌丝时；当我们走向成功，人红是非多时……总之一句话，你不是完人，无论你怎么做，总有人评头论足、嘲笑讥讽。所以，与其活在别人眼里，不如像 D、C、F 一样，对那些否定你、企图打败你的人和事一笑而过，静下心来好好爱这个世界，好好做你的事情。

记住——千万不要把这个美好的世界，让给那些让你鄙视的人！

23
你拿什么Hold住你的梦想

有一次我到外地讲课，在飞机上，邻座的一个年轻人主动同我交谈起来。

他是一家广告公司的总裁，年薪达到七位数。

我看他年纪轻轻，事业就做得这么好，忍不住问他是怎么做到的。

他告诉我，帮助他实现梦想的是一个暗恋他的人。

我很感兴趣，第一次听说，男人的梦想与爱情有这么直接的关系。又一想，不对啊，既然是人家暗恋他，他又是如何知道的？

他像是看出了我的疑虑，笑着向我讲起他的故事。

几年前，他来到现在这家广告公司做设计。由于公司业务多，他晚上经常加班，为了方便给客户传送文件，他都会QQ在线。

让他感到奇怪的是，每次加班，他的QQ好友中，总有一个风景头像的好友跟他一样，也是在线。这个好友一到晚上十一点，就会给他发来一句话：工作再忙，也不要超过十一点半哦，超过这个

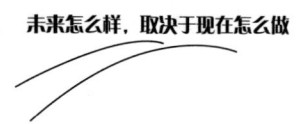

时间睡觉对身体伤害很大。

最开始,他出于礼貌,会回一句"谢谢"。时间长了,他就不理会对方发过来的消息了,但他却养成了加班不超过十一点半的习惯。

如果工作实在太忙,为了不忙到晚上十一点半,他会提前做好工作计划,在白天加快工作进度。

两年后,他升为部门总监,工作更忙了,有时周六日也加班,女友经常为此跟他争吵,并给他规定:晚上加班若超过十一点,就不能回家。

于是,他怕影响女友休息,就索性住在公司的单人宿舍。

有一次,晚上十点多,他忙完工作后就关掉电脑休息了。

第二天,那个一直陪伴他的风景头像的QQ好友,给他发来信息:"你昨晚没加班?"

他如实回道:"加到十点就忙完了。"

对方发来一个笑脸:"太好了,你加班时间少了,说明你的工作能力提高了。以后尽量不要加班,有些工作,在白天抓紧一点,还是能完成的。"

虽然不知道对方是谁,但他出于礼貌,说道:"我看你也是经常加班啊。"

"没有啊。"对方回答,"我们公司从来不加班。我晚上开着电脑上着QQ,是为了监督你,不让你熬夜。"说完发来一个笑脸的表情。

他忽然有些感动,正要说感谢一类的客套话,却看到对方发来一句:"现在是上班时间,不打扰你了。"然后发来一个"再见"的表情。

出于好奇，他点开对方的 QQ 资料，很简单，只显示跟他在同一个城市，是个女的。

他想了想，确定这是一个没见过面的网友，就没有在意。

接下来的工作和生活一如既往，日复一日。不同的是，他逐渐养成了及时总结工作经验的习惯，虽然加班的次数越来越少，但工作效率越来越高。

五年后，他由部门总监升为副总。职场顺利的他，情场却不顺利，另有所爱的女友离他而去，那些日子，他用狠命加班来疗伤。

每次他加班时，那个风景头像的好友，都会在网络的另一头"陪伴"他。

在一个没有加班的晚上，他突然决定，要见一见这个未曾谋面的网友。

他要找对方很容易，只要 QQ 上线就可以了。果然，他一上线，对方就上线了。

故事讲到这里，他话锋一转，说道："在见她之前，直觉告诉我，她或许就是我此生要等的另一半。"

他第一次见她，便深深地爱上了她。她不是那种漂亮得惊艳的女子，但清纯明朗的眼眸、灿烂的笑容以及举手投足间的优雅，都带着令他熟悉得令人心疼的气味。

她是杂志社的编辑。她说，当年他在网上第一次加她时，从不加陌生网友的她，竟然鬼使神差地接受了。后来他向她主动介绍他的工作，并把真实姓名和公司地址告诉她，说以后有机会合作。

未来怎么样,取决于现在怎么做

她被他对工作的态度打动,曾经去过他的公司,远远地看着他(他的QQ头像是他本人的照片)。

自从见过他后,她喜欢上了自己的工作。几年来,每当她在工作中遇到困难想换工作时,就想起了他,于是又坚持了下来。为了能更好地工作,她在工作之余多次充电,并培养自己的兴趣爱好,以充实美好的生活。现在的她,是杂志社的主编。

他确定没有见过她,但为何有一种似曾相识的感觉?事后他想,或许是她长久的陪伴,已经让他养成了习惯,当这种习惯深深地植入对方的骨子里时,他们长成了彼此希望的样子。

她用自己的方式爱着他,整整八年,一直不敢表白,原因是:怕被拒绝。

为了能够配上优秀的他,她不断学习,使自己变得更优秀,同时不忘用自己的正能量来影响他。

现在,他们结婚四年,儿子三岁,他们之间的感情越来越好。

一场优质的爱情,不但能把真爱的故事延续下去,还能让两个彼此相爱的人变成同样优秀的人。

这个世界上,从来不缺单恋的爱情故事,但是能像他们这样,把爱和事业演绎得这么完美的,还真是很少。

凡事都有原因,我相信,能够成就他们彼此事业的,是他们专注的习惯。而这种习惯,皆是因为他们是有着良好品性的人。

我有个发小,他的梦想是自己创业当老板。

他脑瓜灵活,也很能折腾,在上大学期间,就曾利用业余时间创业。

他第一次创业是在大学宿舍，因为舍友们每天半夜饿了都要买吃的，他就进了方便面、面包、花生米等卖给他们，赚取中间的差价。

上大三时，他觉得这种赚钱方式太慢，就借了一些钱，加上自己攒的钱，盘下了学校附近的一个百货店，雇了老家的亲戚帮着卖货。

因为顾客都是学生，起初生意不错，但不到一年百货店就关门大吉了。原因是顾客太少，赚不到太多钱。而真实原因则是，同学们嫌他卖的价格太高，就舍近求远到别的商店去买了。

大四时，他和几个朋友合伙开饭店，风风火火地贷款、装修店面，然后找人看了个吉日便开张了，大有不赚大钱誓不罢休之势。然而，这饭店勉强开到他大学毕业就关门了。

大学毕业后，他拒绝给别人打工，认为那是虚度青春。他开过网吧、网店，每次都是不到一年就做不下去了。

最近，他在做微商，做了一段时间后，他发现自己人脉不行，又决定改行了。

他向我感慨，钱太难挣了，别看自己一直在当老板，可人到中年，不但没攒下钱，还欠下一些债务。

"你比我创业晚好几年，怎么这么快就成功了，给我讲讲你的成功经验，我好借鉴一下。"他说。

我说："做任何事情都要养成专注的好习惯，创业更是如此，要沉得住气——"

"哎呀，老同学，你就别跟我卖关子了，别整那些虚头把脑的

说教了。"他打断我,"赚钱这事要趁早啊,否则商机易失。常言说'东山不亮西山亮',要多尝试吗!可我都把东南西北的山跑遍了,也没亮起来呀。"

他说着看看我,无奈地摇摇头,我们都陷入沉默。

我曾经听过一个故事。

别看人类聪明到能造出火箭、卫星、宇宙飞船、潜水艇,能够上天入地,有一种笼子却制造不出来,就是关松鼠的笼子。

不管人们造得笼子多么牢固,也不管笼子的门锁多么难开,松鼠总有办法打开。

为什么会这样?

答案很简单,因为松鼠做事情太专注,它们除了吃饭和睡觉,其余的时间都在想办法打开笼子。

由此可见,专注和坚持的力量有多大!

你是什么样的人,就会遇到什么样的人,焦虑的碰到不安的,暴躁的遭遇火暴的,虚伪的遇到装蒜的,没谱的有个更不着调的等着你,温柔的则会偶遇更优雅的。这不但适用于爱情,同样适用于我们打拼的事业——你是什么样的人,决定你在事业之路上能走多远!

24
相信"相信自己"的力量

很多时候我们都不知道

自己的价值是多少

我们应该做什么

这一生才不会浪费掉

我们到底重不重要

我们是不是很渺小

深藏心中的那一套

人家会不会觉得可笑

不要认为自己没有用

不要老是坐在那边看天空

如果你自己都不愿意动

还有谁可以帮助你成功

不要认为自己没有用

不要让自卑左右你向前冲

每个人的贡献都不同

未来怎么样，取决于现在怎么做

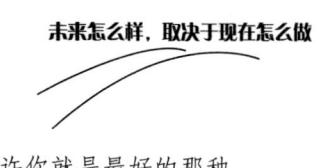

也许你就是最好的那种

这是成龙唱的一首歌，歌名叫《不要认为自己没有用》，我把歌词全部写下来，是因为我喜欢这首歌，而且会唱这首歌。手一碰键盘，就把歌词打在了 Word 文档里。

正如歌中所唱，"你认为自己没有用"时，自卑会"左右你向前冲"，所以，一定要相信，"相信自己"的力量。当你相信自己时，你就会成为你想象中的那种人。

相信"相信自己"的力量，这不是一句单纯的励志语言，而是一句发自肺腑的真心话。

这是北方最冷的季节，他已经两天没有吃过一顿热乎饭了。

不是没有钱买，也不是他不想吃，而是他要为自己的"誓言"负责。

三天前，他发誓，如果这三天中不能敲定 30 个客户，就惩罚自己不吃饭。

两天中，他几乎跑遍了这个城市的大小居民区，已经有 20 个客户答应要他的货了，还差 10 个客户。

他站在寒风中，苦苦地想着方法。

他跑进商场的公共厕所，对着镜子里的自己笑着说："经理你好，恭喜你，在两天时间里就跑了 20 个客户。你牛啊！相信在这半天时间，找到 10 个客户不成问题。"

他冲着镜子里的自己摆了 Poss，又竖了一下大拇指，微笑着对镜子里的自己说:"你一定会成功的,请相信你自己的力量。"

他走出商场,站在商场门口,信心满满地奔向郊区的居民区。突然,他灵机一动:"我这么牛,为何不在商场做一次成功的推销呢?"

在这之前,他被这个商场拒绝了不下 10 次,他已经习惯了。

"才 10 次而已。"他笑着对自己说,"离第 100 次被拒绝还有 90 次呢。"

他转过身,向着那熟悉的商场走去。

结果可想而知:失败。

这次他没有像前 10 次那样转身离开,而是说了这样一句话:"你好,在你们没有用过我们公司的产品前,我会想其他办法的,请相信我一定会做到的。"

"我们太相信你了。"对方说,"好吧,给我们先来一箱吧,省得你再来烦我们。"

那天,还不到下班时间,他就完成了 10 个客户的订单。

当他坐在面馆里吃着热乎乎的面条时,接到公司经理的电话:"你今晚就去退票,公司把你的出差时间延长了一周。"

"是让我来开发东三省的客户吗?"

"如果你能的话,当然可以了。"

"我当然能了。"他回答。

看到这么自信的人,你一定猜出了这个自信得有点过头的人就是我,没错,这个人就是我,杨萧,25 岁时的杨萧。

未来怎么样，取决于现在怎么做

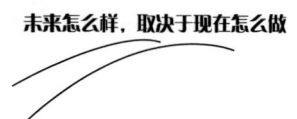

当然，这时，我还不是经理。

相信自己的秘诀就是，在不断给自己信心的同时，要付诸行动。25 岁的时候，我特别想当我们销售部的经理。

那时，我每天起床，都会时对着镜子里的自己喊："杨经理，你这么帅，这么有才，这么有魅力，这么有当领导的范儿，你不当经理老天爷都不答应啊。"

我上班时斗志昂扬，哼着小曲，我的这种快乐的工作情绪，会在无意中传染给同事们。

有一次，我在去公司的路上遇到我们公司的正牌经理，我热情地跟他打招呼："杨经理，你好啊，你看我今天身材是不是变好了？"我说着扭动了一下屁股。

你说这事还真巧，正好他也姓杨，其实在我心里，我是叫自己呢。

他笑了起来，说："你小子，就是年轻，精力旺盛得四处流淌。今天你的业绩，要比昨天翻一番才行。"

我呵呵笑着答应了，外加一句："说好了，我今天完不成任务，你就扣我的工资。"

"嘿，那敢情好啊。"杨经理大笑，"就这么说定了。"

看，我在路上聊个天，都能聊到工作上去。

那个时候的我和现在一样，工作就是一切，工作就是全部。我在工作中发现最好的自己，在工作中实现自己的价值。

与客户沟通，当我看到客户被我的热情感染时，我骄傲！

向领导汇报，当我看到领导那赏识的眼神时，我自豪！

和同事合作，当我听到同事对我的方案认可时，我快乐！

我在工作中，看到一个崭新自信的自己。是的，我爱我的工作，恨不得白天晚上一直工作。

一个人如果能够"相信自己"，就等于有了实现自己目标的能力。

因为我性格开朗，为人随和，学员们也事先了解了我的创业经历，所以我讲课时，课堂上的气氛通常比较轻松。

第一堂课时，学员们通常爱问这样的问题："杨老师，我学历不高怎么办？""杨老师，我工作好几年了，工作能力一直无法提高怎么办？""杨老师，为什么我一见到客户就紧张？"……

我统统回复他们："相信自己，相信自己有'改变一切'的力量。"

是的，不管你在什么情况下，只要你愿意相信自己，并且坚持下去，你就一定能够成就最好的自己。

在你最艰难的时候，想一想，明天这事就变得容易了。

在你情绪低落的时候，想一想，明天心情就会变好了。

记住，只要你还活着，所有的一切都是小 Case。只要你不放弃自己，相信自己，你终有一天会站在你想要的山峰，微笑着对自己说："看，我真棒！"

喜欢篮球的人，想必都知道 NBA 华人球星林书豪的故事吧。

未来怎么样，取决于现在怎么做

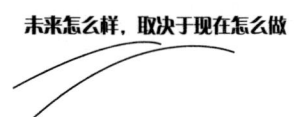

众所周知，NBA通常是黑人球员的天下，虽然姚明在那里也曾风光无限，但姚明的成功与他的身高有很大关系，这是先天性的因素，他的成功是很难复制的，是靠努力和拼命无法取得的。

按常人的逻辑，哈佛出不了什么好球员，华人更不可能出优秀的控卫，华人控卫在NBA球队中能打上球就不错了。正是这样的逻辑和偏见，让有打球才能的林书豪在2010年的选秀中败下阵来。

这事要搁在普通人身上，估计会把没选上的原因归结为自身条件有限，并因此对自己失去信心，就此沉沦下去。但是，世界上只有一个林书豪，这个林书豪相信自己的力量，这种自信让他变得别人无可取代。

在失败面前，林书豪非但没有对自己失去信心，反而相信自己在此次失败后会更加成熟。他经过努力，在勇士队得到一年的非保障合同，但他并没有得到球队的重视，也很少获得上场的机会，赛季结束他就被勇士队裁掉了，无缘进队。

对于第二次的挫折，林书豪依然没有灰心，他相信自己迟早会进NBA。因为相信自己，他在NBA停摆期间，一边给自己打气，一边刻苦训练。

在新的赛季，他在火箭队试训，结果又被火箭队放弃。后来，他好不容易在尼克斯队找到了打短工的机会，可仍然是球队中可有可无的"跑龙套"球员，他这时仍然相信自己，因相信自己才执着地坚持着，更加刻苦地训练着，耐心等待自己崛起的机会。

机会还真是为"相信自己"的人准备的。

就在球队准备裁掉他时,球队中两位超级球星因为受伤和别的原因退出,在这危急关头,教练迫不得已让随时准备上场的林书豪上场了。

对于这次难得的机会,林书豪牢牢地把握住了,并且演绎了比好莱坞大片还神奇的惊世之举,他带领球队连胜七场,成了球队当之无愧的领袖。

此场比赛,他震撼了赛场,看呆了观众,看傻了那些一直认为他不行的业内人士。

他上了时代周刊和体育画报等美国顶级媒体的封面,NBA为他破例,邀请他参加全明星新秀赛,全世界的人都在关注这个自信而又乐观的"天才",一时之间,他成了新时代的宠儿。

林书豪对自己是自信的,这种自信源于他对篮球的热爱,更源于他对自己的信心。因为自信,他无视挫折,在逆境中依然淡定地训练自己的技艺;因为自信,他不在乎别人对他的偏见、轻视;因为自信,他在任何情况下都不会放弃自己,始终相信"相信自己"的力量。

虽然我们不可能演绎林书豪式的传奇,但我们每个人都是独特的,都是与众不同的,我们身上有无穷的潜力等着自己开发。不要与别人攀比,更不要在意别人的评价,追求自己的梦想,不轻言放弃,相信自己,抓住机会,一切皆有可能!

一位著名的企业家曾说,一个优秀的人才,他的自信力,恒久不衰。假使我们原先是一块金子，也会因为缺乏永恒的自信，而甘心变为一粒沙子。

我们每个人原本都是优秀的，只不过，由于我们缺乏自信，才一步一步把自己从优秀的高位上拉下来，一直拉到了平庸的位置上。

自甘平庸，这是社会的灾难，更是我们人生的悲剧。只是，更多的时候，是我们自己导演了这场灾难和悲剧。

25
命好不好，在于选择

有一次，我到某企业给员工讲课时，有位90后女孩问了我一个问题："杨老师，如果给你一个好苹果和一个坏苹果，你会先吃哪一个呢？"

应该说，这是一个俗套的老问题，多年前，我还是一个初入职场的毛头小子时，就在宿舍跟同事们讨论过这个问题。

我们讨论的结果是：先吃坏苹果，再吃好苹果。

这种吃法是先苦后甜，好比生活和工作，若不先吃点苦头，怎么享受好日子呢。

先吃好苹果，再吃坏苹果，这种吃法是先享受生活，等你坐吃山空了，就需要自己受一点苦了。

哈哈，想难倒我，没门儿。

我看着这些90后帅哥美女们坏坏的眼神，得意地说道："当然要先吃坏苹果，再吃好苹果喽。"

我回答后，胸有成竹地看着一脸呆萌的他们，问道："我完美的选择是不是吓到你们了？"

未来怎么样，取决于现在怎么做

"NO。"有位90后美女抢先答道，"杨老师，你的选择大错特错，应该先吃好苹果，再吃坏苹果，或是扔掉坏苹果。如果你先吃坏苹果，好的也会变坏，呵呵，那你将永远吃不到好苹果，人生亦是如此啊。"

"这不是选择题吗？"我被他们说晕了。

"是呀，又没有规定你必须要都吃，就是问你选择先吃哪一个。我们可以选择吃掉好苹果，再扔掉坏苹果啊。"

他们振振有词。

好吧，我承认他们会机智地思考问题，他们选择的答案貌似也不错，但我不认输。

想知道原因？那么就听我来讲一个故事。

这是一个关于选择的故事。

我有一个女同学叫佳佳，人如其名，长得美，性格好，学习好，家境好。总之，世上所有美好的文字，都可以拿来形容她。

对于一个女孩子来说，所有的好，都不如一样好，那就是"命好"。

命好，何尝是对女人重要，对男人也是如此，命若好，得少受多少罪，少奋斗多少年啊！比如王思聪，跟普通人相比，他在事业上的上升速度何止是坐电梯啊，那简直是坐直升机。咱就不在这里羡慕嫉妒恨了，还是说说佳佳的事情。

高中毕业后，鸿运当头的佳佳，以优异的成绩进入京城一所大学。

毕业时，她除了获得一张名校的毕业证书外，还收获了让所有姑娘们都羡慕嫉妒恨的爱情——痴爱她的男友，是京城的"官二代"。

于是，在同学们为了找一份工作而发愁时，佳佳就像童话里的公主一样，挽着王子的手住进了富丽堂皇的宫殿，过起了很多人梦想的，不是，很多人连做梦都不敢想的生活。

当我们说起佳佳时，在感叹她命好的同时，也惊讶于她的会选择。

从小学开始，佳佳就有小男生追求，上大学后，爱慕她的人更是成群结队，优秀的、帅帅的、有才的……她一一婉拒，唯独选了有财又有才的"官二代"。

与佳佳相比，我的同学苏妹就差远了。苏妹虽不及佳佳长得国色天香，有良好的家世，但也颇有几分姿色，最为关键的是，还有点小才华。

苏妹和佳佳上的是同一所大学。据苏妹的同学说，她上大学时，还是像高中时那样刻苦学习，心直口快的她，坚定认为：人生有两种活法，一种是别人施舍的幸福，一种是自己辛苦"拼"出来的幸福。

"这两种幸福把握住了，都是甜蜜一生的幸福。"苏妹温婉地对我们说，"可我却独爱自己辛苦'拼'出来的幸福。我觉得这样的幸福是苦尽甘来，更让我踏实。"

于是，苏妹大学毕业后，选择了又苦又累的打工生活。

十几年下来，她从一个职场新人，成为了现在的外企高管。她这一路走来，说起来都是辛酸泪啊！

未来怎么样,取决于现在怎么做

她的第一份工作是在杂志社当采编,第一个月底薪才几百元,还不提供住宿。她跟着师傅去采访,自己熬夜写、改、再写、再改,最后写出来发表时,还不能署自己的名字。

她入职时是夏天,出去采访要么烈日当空,整个人都快被高温烤糊了,皮肤起皮,脸上的妆毁得要多难看有多难看;要么突降暴雨,全身湿得像只落汤鸡似的。更惨的是,越怕什么,越要面对什么,那就是——要用连自己都不想多看一眼的形象,去采访那些在镁光灯下衣着光鲜的成功人士……

那时,她对自己说:尽管你是如此一副狼狈的模样,但这是暂时的,为了显示对采访对象的尊重,你只有用最好的文字来征服客户和读者了。

"其实也没什么,谁的成功不带点儿悲伤啊。"她给自己打气,"我的形象原本不错,本来可以靠脸蛋吃饭的,谁让我太傻,选择了靠才华吃饭。"

"我有才华我怕谁?能识才的客户是不会计较的。"她没有底气地自我安慰,"就是他们计较,只要不在我面前表现出来,就是对我最大的尊重。"

她就用这种阿Q精神疗法,奔波在追求美好生活的路上。

多年以后,当她生动地对我们讲起时,就像是讲评书的人在讲别人惨兮兮的故事。

自己的人生要怎么过,应该由自己决定,而不是由他人决定。我们的选择造就了我们的人生,这句话说起来没有错,即使有些事情看起来是迫不得已，但终究是自己的选择。

每个人一生中都会面临无数个选择，有些选择无关紧要，而有些选择则能够决定人生的好坏，正是这些选择，造就了我们的一生。

所以说，人生就是一连串的选择，选择需要智慧，更需要勇气，我们的选择，决定了我们的人生。

在一个北风凛冽的冬日早上，我开着车去机场接朋友，路过一个公交车站时，几个等车的人不由自主地盯着我的车看，只有一个穿着旧夹克背着鼓鼓包的年轻人，手里拿着书，在大声地读着。

那一刻，我感慨万千，想起自己当年做推销员时，也曾像他这样，站在寒风中的站牌下，捧着书读，那时我读的是一本关于如何做好销售员的书。

事实上，你想过什么样的人生，完全取决于你的选择。这就像在选苹果，有的人喜欢先苦后甜，有的人则会选择先甜后苦。反正人生就是有这么多苦难和幸福，你选不选择，它们都摆在那里。

你先努力打拼，把痛苦提前透支，这种吃苦受累的经历，会让你在吃苦受累的过程中，发现平凡生活的美好。

与其说是你用苦难换来美好的现在，倒不如说是你用心体验苦难后，更珍惜现在平常的生活。

每个人都可以选择积极向上，也可以选择消极度日，从你下定

未来怎么样，取决于现在怎么做

决心的那一刻起，你的人生就开始改变了。记住，这种改变，既是环境上的，也是心境方面的。

我再向大家讲讲我的同学佳佳的后续故事。

有句话讲，出来混，迟早是要还的。我们的命运，也是这样的。

一年前，我意外地接到佳佳的电话，她想让我帮她找一份工作。工资不求多，不给工资也行，只要公司愿意让她从头做起，能够容忍她成长到可以拿工资那天就可以。

为什么会这样？

还是老套的悲剧故事。

全职太太佳佳，在女儿10岁时，不堪忍受接连出轨的老公，即便净身出户，也在所不惜，只为了摆脱那梦一般的日子。

原来，当新婚的激情褪去后，多金又帅气的老公因事业忙，很少回家。她守着那几百平方米的别墅，像是进入了一座奢华的监狱，锁住了她的青春、梦想、爱和激情。

女儿5岁时，她发现老公在外面有了女人，为了保住婚姻，她每日以泪洗面。更要命的是，为了所谓的面子，她还要和老公在人前假装幸福、恩爱。

人的承受能力是有限的。

在一个女儿生病的夜晚，当她独自在医院守着女儿时，终于做出了一个大胆的决定：离婚。

在人们的惊讶、不解、猜测中，她提着自己简单的行李离开了那座豪华的别墅。

离婚后，害怕寂寞的她，回老家跟父母同住。人到中年，她却不知道找一份什么样的工作来养活自己。

直到这时她才明白，她和老公的爱情最终变质，并不是偶然，而是必然。就像不在同一个频道上的两个人，注定是会渐行渐远的。

佳佳和他老公的起点或许差不多，但当她把家庭生活当成全部或是唯一时，悲剧的不是她，而是她的老公。

她没有事情可做，难免胡思乱想，便以爱的名义绑架、怀疑老公，引来频繁的争吵。当家变成战场时，人人都想躲，这时便会有人乘虚而入，他们的婚姻必然发生变故。

一个人，只有自己有足够的安全感，才能给别人带来安全感，而佳佳的不安全感最终导致了她婚姻的失败。

佳佳的老公之所以争女儿的抚养权，是想让她回归家庭，但她像是过那种日子过怕了，宁可一个人受苦，也不愿意回去。

在人生的关键时刻、十字路口，每个人都应该勇敢地相信自己，相信自己有能力做出最好的选择，而不是把自己的人生交给其他人。

每个人的人生中都有很多时刻是在不情愿地配合他人、依附他人，但事实上，你完全有权拒绝那些不情愿的配合和依附，只要你不怕吃苦，你的人生就会拥有属于自己的颜色。

每个人的人生都不容易，走起来都相当辛苦，但我们往往在辛苦中才能找到人生的意义。

有时候你即使不情愿，也必须吞下一些不为人知的委屈。现实会消磨人的热情与信心，随着在社会上的时间越来越长，真实的人生会慢慢显露出来。在人生的金字塔里，有些人选择慢慢往上爬，有些人选择不上也不下，有些人则选择日渐沉沦……

你一定要记住，你想过什么样的人生，取决于你现在的选择和努力，你可以选择积极向上，也可以选择消极度日，而你的人生从你选择的那一该起便注定了。

26
即使失败，总胜过从未尝试

"杨老师，我攒了一笔钱，准备利用业余时间创业。"

J是90后小鲜肉，供职于一家广告公司。他脑瓜灵活，思维超前，说话一套一套的。几天前，他在微信上向我讲了他的创业计划。

我鼓励他，想好了就去干。

"你准备做什么？"我问。

"我想开一个快餐店，我们单位附近有一个店面正在招租。那里的几幢楼全是办公楼，但附近只有一家高档饭店，每到中午，不想吃盒饭的人，要走两站地去找便宜一点儿的餐馆吃饭。"他说，"我想租下那个店面开一个快餐店，我不辞职，到时雇人经营。"

"嗯，你的眼光不错。"我如实对他说。

"但我咨询过几个开快餐店的朋友，他们说餐饮业赚钱很难，像我这种业余开店的，风险更大。"他担忧地说。

"做什么都有风险。"我说，"你没有去做，怎么就断定自己会失败？"

"万一呢，我要是创业失败，这几年攒的钱可就打了水漂了。"

未来怎么样，取决于现在怎么做

他不无担心，"家里想让我用这笔钱赶快买房，这世界上可没有后悔药啊。"

我无语了。

几年来，我接触过很多热情似火的年轻人，但他们光说不做，原因是：怕失败。

可我想说的是，失败固然痛苦，但更糟糕的是从未尝试。

多年前，在我还是一个籍籍无名的推销员时，喜欢上了说相声，一有时间，我就拿着自己写的相声到公园练习。

那时我没有一个观众，一个人在那里讲单口相声。

路过的人都用异样的目光看我，我想他们可能把我当成疯子了。

我并不气馁。

后来，一位朋友给我介绍了和我一样爱好相声的K。每到周末，我们就到人多的地方免费给大家解闷儿。

有一次，市里举办相声大赛，我和K商量，想报名参加。K听后有点为难地说："还是别参加了，要是连初赛都过不了，多没面子。"

我说："还没有参加呢，怎么知道会失败？就是失败了，这也是咱人生路上的一段插曲啊。"

他被我说动了。

那段时间，我们找朋友写脚本，反复修改、练习。

为了使相声更精彩，我们对脚本进行了几百次修改。

我们憧憬着在舞台上风光的表演，想象着观众热烈的掌声，也幻想着自己站在领奖台上的样子，甚至把获奖感言都写好了，还改了很多遍。

我们如愿参加了，却没有如愿进入决赛。

按 K 的话来说，初赛都没有过的我们，失败了。

但让我们感到奇怪的是，我们失败后，并没有像想象中那么痛不欲生。此时再回忆那一过程，那种在煎熬中盼望成功的心情，那种在心中千转百绕的郁闷纠结，那种在困境中寻求希望的悲喜……真是一种美妙的体验！

现在，我和 K 仍然在业余时间说相声，还曾在市里举办的联欢晚会上表演，收获了鲜花和掌声——那爽快的感觉，那热烈的场面，跟当年我们想象中的"成功"惊人的相似。

1994 年，她进入职场不久，就凭借亮眼的业绩和不俗的表现，被破格提拔为公司经营部的部长。当时，公司内部出现了很大的危机，空调销售也面临着激烈的竞争，她可谓是受命于危难之时。

在这次激烈的市场竞争中，很多小企业纷纷倒闭，新上任的她面临着极为严峻的考验。

那时，没有多少经验的她决定去向前辈讨教学习，为此，她的助手为她联系了公司总部的资深管理者以及其他大公司的优秀负责人。助手高兴地对她说："他们都是非常出色的经营者，我们按日程逐一拜访就行了。"

她沉思片刻后，突然摆了摆手说："我们暂时不要去拜访他们了，我有更好的安排。"

助手只好疑惑地跟着她出门，到达目的地时，助手大失所望，

原来,他们去的是已经倒闭的一家空调公司的负责人的家。

她真诚而虚心地向那位负责人请教,并不时地在本子上认真地做记录。

一连好几天,助手跟着她拜访的都是倒闭的空调公司的负责人,助手为她安排的好几位成功者,她却一个都没有去见。

"您不去学习成功经验,怎么光学一些失败经验呢?"助手忍不住埋怨她。

她耐心地笑着解释:"失败者大多有深刻的教训和经验,而且他们通常会毫无防备地跟人分享,这样我们就可以避免再犯同样的错误。而成功者要么一帆风顺,要么能巧妙地应对问题,自然没有失败者对问题的认识深刻。而且,很多成功者对自己的成功经验讳莫如深,我们很难得到什么有价值的经验。"

直到此时,助手才恍然大悟地点了点头,她接着说:"拜访失败者,不是为了学习失败,而是向他们学习成功。"

在她的带领下,公司果然打赢了那场"血战",而她也凭着自己的能力最终成为珠海格力电器股份有限公司的董事长。

她,就是董明珠,全球商界女强人 50 强、全球 100 位最佳 CEO 之一。

不要小看你曾经的"失败",别忘了,你经历"失败"时的心路历程,你在"失败"中吸取的宝贵经验,远比没经付出得到的偶然"成功"更有价值。

还有一位苦命的创业者,他在求职过程中多次被人拒绝,创业更是几次失败。

这位创业者叫马云,生于20世纪60年代,找工作是在20世纪90年代。

他找工作被拒绝的原因是——长得有点困难。由此看来,不光现在是一个看脸的时代,二十多年前也是看脸的时代。

他想去酒店当服务员,因为形象差,被拒;他想当警察,因为形象差,被拒。在求职无门的情况下,他找到一份零工,即踩三轮车给人送杂志。

好在他人丑志向大,不久,他和朋友一起创业,成立了全市第一家翻译社。雄心勃勃的他,创业时第一个月的收入是700元,而房租是2400元。

为了节省开支,他把翻译社的一半店面出租给别人,接着开启了第二职业——背着麻袋去义乌批发鲜花、手电筒、内衣、袜子、工艺品卖。

虽然这次创业以失败告终,但他通过这次创业体验到小商贩和销售的艰辛,为他以后创办电商平台积累了经验。

创业失败后,他养精蓄锐,几年后进军互联网行业。

他做的"中国黄页"的业务,是把国内一些单位的资料放到互联网上去,好让国外的经销商找到。但那时候互联网在国内还属于新生事物,看不到摸不着,属于"信则有,不信则无"的范畴。马云的创业团队在收到客户资料后翻译成英文,然后快递给美国合作方做成网页——要为看不到的东西付钱,换成哪个老板都不会这么做啊。因此,马云的团队不但要证明客户的资料已经上传到网络上,

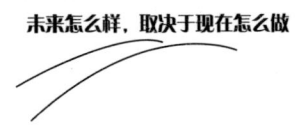

还得证明世界上存在互联网这种东西。

因为不懂技术,马云能做的事情就是不断地说,他每天对人讲互联网的神奇,还曾在大排档给人们普及互联网知识。

在很多没有互联网的城市,他都被称为"骗子"。

但他不妥协,决定到北京去开拓自己的"黄页"市场。他背着一个黑色单肩包,逢人便讲他"神奇"的互联网,而得到的答复都是不耐烦的拒绝。

他和大街上的任何一个推销员没什么两样,屡次被拒绝,但他吃的闭门羹和白眼不仅没有改变他对互联网的信心,还成为他事业发展的精神动力,这可能是他和其他推销员的最大差异。

即便在他创立阿里巴巴之后,他的员工去企业推销业务,被狗追,被保安赶也是家常便饭。

阿里巴巴团队曾在北京干过一段时间政府项目,最后以失败告终。于是,马云决定南下杭州再次创业,这也意味着他又要从头开始。

现在的阿里巴巴集团,即将创下全球融资纪录,淘宝和天猫也成为全球最大的草根创业者平台,马云也升级成为草根创业的典范,从屌丝逆袭为"超人"。

如果当初马云在一次次"失败"后,拒绝再尝试,那么今天的马云充其量也就是一个不愿意回首往昔的"失败"者。

所以,当你遭遇失败不想再战时,当你害怕失败不想行动时,就想想马云吧,当年他也不过是一个多次失败的"推销员"。

人生不过百年,在这有限的时光里,若你不勇于尝试你喜欢的事情，等老了连回忆的素材都没有，生活多没劲啊。

任何事情，只要不开始行动，就无法知道结果。失败固然令人痛苦失落，但更糟糕的是从未去尝试。

如果说尝试了但失败了，是无能为力，那么没有尝试，不知道到底是失败还是成功，就是遗憾。

人，只有在经历无数次尝试、挑战后，才能增长见识，获得宝贵的经验，从而让自己不断前进，不断成长、成熟。当你经历过失败后，就会像得过病的人对病痛有了免疫力一样，对失败产生免疫力，那么你离成功也就不远了。

第五章 开发自己+坚持=大咖

未来怎么样，取决于现在怎么做

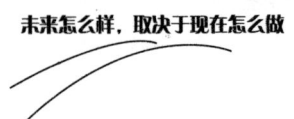

27
开发自己+坚持=大咖

"杨总,我想辞职了。我在我们公司待了五年,老板只给我涨了两次工资,升了一次职。"

"杨老师,我讨厌死自己的工作了,钱少活多累死人,难怪有人说,打工打工,越打越穷。"

"我在这行干了十来年,越干越没劲,真不想再这么耗下去了。"

……

每隔一段时间,就有一些读者在我的微博、微信里留言,诉说自己在工作中的不如意。

我统一回复他们说:"在没有找到比现在更适合你的工作之前,请坚持下去,并不断开发你身上的价值。"

"自己身上有什么价值?不就是什么努力工作、对工作敬业吗?"他们问。

我说:"关于价值的定义,请看下面这个故事。"

有个徒弟问师傅:"师傅,一碗米有多大的价值?"

师傅回答:"这太难说了,同样一碗米,在不同人的手里,就具有不同的价值。"

见徒弟不解,师傅举例:"如果是在一个家庭主妇手里,她加相同比例的水蒸一蒸,就能做出几碗米饭,够一家人饱餐一顿。在她手里,这碗米就是一顿饭的价值。"

徒弟来了兴趣:"那在其他人手里呢?"

师傅说:"要是在小商人手里,他把米好好泡一泡,再添加一些红枣、花生或肉,并用粽叶包一包,就是几个粽子,在市场上卖的话,就是二三十块钱的价值。而这碗米要是到一个更有头脑的大商人手里,他会把它适当地发酵、加温,很用心地酿造成一瓶美酒,有可能是一两百块钱的价值。所以,一碗米到底有多大的价值,要看在什么人手里。"

徒弟震惊,感叹道:"一碗米在不同的地方,在不同的人手里,价值差距尚且这么大,那我们自身价值的大小,岂不是同样的道理!懂得自我经营的人,一定会比那些不懂自我经营的人更值钱。"

我的同事兼朋友 U,就是一个会开发自己价值的人。

十几年前,我在大学假期期间,曾和他在同一家公司做推销。

U 是招聘我进公司的主管,他在公司干了五年,据说他刚参加工作时激情饱满,因为业绩突出,一年后就升为管十几号人的主管。但接下来的四年,他再也没有升职。

我跟 U 很投缘,我平时嘴很贫,但却不懂得应用到工作中,为此,U 多次对我进行"说教"。我记得他说得最多的一句话就是:"老弟,

记住,你做什么不重要,你的起点在哪里也不重要,重要的是,你要学会开发自己。"

"开发自己?哈哈,我身上可没有埋着宝藏啊。"我嘻嘻哈哈地说。

他一本正经地说:"每个人都是一座宝藏,就看你如何开发了。比如你我,共同点是能说会道,你把那贫嘴的毛病升华一下,甜话中洒点温和、礼貌的小佐料,就是一个好推销员,再加点亲情,就能跟我一样,是一个销售加管理的人才了……"

"哈哈,照你这么一说,我还真是一块料啊。"我打趣道,"可我没你有能耐,你工作一年就升主管了,现在还在主管的位置上坐得稳稳的。"

想想那时,我真不会说话。

我那时尚不知职场打拼的艰辛,满怀不着边际的梦想,为自己做了职业规划:要在五年内,成为公司高管。

虽然 U 工作能力很强,但我不屑于他五年了还是"主管"的现状。当面揭人短,不是我的性格,但可能是跟他太熟了,我一不留神就说了实话,说完后立刻就后悔了。

"信不信由你。"他并不生气,朝我丢来一句话。

我参加工作五年后,好不容易才升到公司经理的位置上,而且还是个"副"的。这时,我听闻 U 已经成为原公司的总裁,在业内算大咖级的人物了。

有一次,因工作的关系,我与 U 在一个商品展销会上相遇。中午我俩聚餐时,我诚心诚意地向他请教,他平和地说:"成为大咖,第一要素是开发自己身上独一无二的财富种子;第二要素是坚持。不管你在哪个公司,都不要把自己当员工,在你选择的行业大干时,要把所谓的高工资先搁一边,玩命地干,不择手段地追求你想要的成功。"

末了他又加了一句:"你做到了这一点,想不成大咖都难。"

人就是这么贱,若他不是总裁,我听了这话,200% 不相信,最多也就是激动一下,过后完全忘记。

但此时,我信了。

U 的父母在老家开着一个小卖部,他从小就喜欢推销的工作。上学后,他的理想就是当一名推销员。

大学期间,他曾在亲戚家卖冰箱的店里实习。

至今,他曾还记得他向第一位顾客推荐冰箱和售后服务时的情景。他口才不错,又懂得如何跟顾客套近乎,跟顾客一番沟通后,顾客很满意,决定购买冰箱。

当顾客来到冰箱的柜台边时,看到有好几个品牌的冰箱,一时拿不定主意买哪个品牌,就问他:"你能不能把这几个品牌的冰箱的性能都跟我讲一讲?"

他一听,蒙了,来这里实习前,他对冰箱可是一窍不通,刚才给顾客讲的全是售后服务。看着顾客一脸认真的样子,他尴尬地对顾客说:"对不起,我也不懂。要不等我请教技术人员后再告诉你?"

顾客用一种让他无地自容的眼神看着他:"这都不懂你还做什么销售?我很怀疑你们店的信誉。"

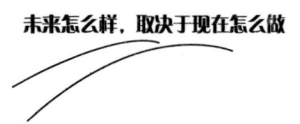

未来怎么样，取决于现在怎么做

第一笔生意就这么泡汤了。

就是这件事情，让他明白，做一个销售员，不仅要口才好，还要多了解所推销产品的性能。他毕业后，来到现在这家洗发水公司做推销员。

当时，公司销售的洗发水有好几个品牌。他每天早晚都见缝插针地背产品说明，为了让面部表情变得更生动，他在房间里挂了一面大镜子，每天对着镜子练习。

他的推销工作并不顺利，在不到半年的时间里，他被1000个人拒绝过，也就是说，他失败了1000次。虽然屡战屡败，但他始终不放弃，咬牙坚持着。

为了吸取经验教训，他每遭到一个人的拒绝，就记录在本子上。半年180天，失败1000次，平均一天失败6次。

他说，到第8个月时，他拿到了第一个订单。拿到这个订单时，他欣喜若狂，或许对别人来说，8个月才拿到第一个订单算不得成功，但对他来说意义却不一样，这是他在失败了1000次的基础上反复实践的"成果"。

更为重要的是，他的第一个订单是一笔十万元的单子。

在他之前，公司的推销员拿到的最大的订单是一万元。

他用自己的三寸不烂之舌和锲而不舍的精神，打破了公司的销售纪录。

U的故事很励志，对不对？

其实，所有光鲜亮丽的背后，都有无人知晓的努力和坚持。成功并不是偶然，成功需要强大的忍耐力和超出常人的毅力。

听了他的故事，我在工作上开始第二轮"不要命"的坚持。

我很喜欢作家亦舒，人们称她"师太"。她已经70岁了，仍然坚持写作，已经出版了三百多本书！

想想啊，三百多本书，摞在地上得有多高！有的人可能一辈子都读不了三百多本书，她却写了这么多。

她从15岁开始写作，在20岁时出版了第一本书，从20岁到70岁，正好50年，也就是说平均一年写六本。

她曾说："我每天早上五点多起床，一直写到七点多，然后伺候女儿，打理家务，365天，风雨无阻，雷打不动。"

这是一种怎样的坚持？

这样的坚持又是怎样一种毅力支撑的？

诚然，我们或许无法做到这么长久地坚持，但如果你热爱，是不是坚持就更容易一些？

当然，从米变成美酒这一过程是很漫长的，急不得，同理，开发自己的价值，也需要有一颗宁静的心，俗话说，急于求成则不成。可是，有些人受"快速成功、急速成名"的影响，急躁、浮躁、烦躁、暴躁，缺乏脚踏实地、埋头苦干的精神和境界。

一些人还没有练就真本事，就想着争名利、赚大钱，这样的人，即使有平台有机会，也会因为能力欠缺、素质不够而耽误前程。唯有一心一意，精力专注，靠读书生灵气，用学习筑底气，以积淀养才气，努力提升自己的能力才有可能踏上成功之路。

28
坐热你人生的"冷板凳"

我的一位铁杆粉丝,在微信上向我控诉他的血泪职场史。

"我这个在公司干了7年的老员工,快被那变态的老板整死了。我觉得再这样待下去,我的前程将毁于一旦。"他咬牙切齿地说。

接着,他一把鼻涕一把泪地讲起了他的经历。

7年前,他来到公司时,公司处于起步阶段,他不嫌工资低,辛辛苦苦地工作,一干就是7年。在这7年中,他亲眼目睹公司从一个几个人的小公司,发展成现在拥有几十个人的股份公司。

随着新人的加入,他这个老员工,却被老板安排在了无足轻重的位置上,做着一些无关紧要的小事,有时还要无偿加班。他找老板谈,老板会讲一番大道理,说什么"公司效益不好,要扶持新人""新人有激情,有闯劲儿,是公司的新鲜血液"。

总而言之,为了公司,让他"委屈一点儿"。

"难道真的是天下的老板一般黑吗?杨老师,当然,你除外啊。"他不忘照顾我的情绪,"可他们也不想想,我们这些老员工,在年轻有激情时,也为公司做出了很大贡献啊,也是拼死拼活地给他们赚钱,等我们上点儿年纪了,他们就过河拆桥啊!"

听了他的话,我给他讲了一个故事。

朋友 D 是职业经理人,6 年前,他来到这家中外合资的广告公司时,由于准确的判断力、理性的决策力、果敢的执行力,一年后就升为部门经理,年薪六位数。

D 性格外向,大胆心细,对工作兢兢业业,按说他的事业应该一帆风顺。然而,职场如战场,在一次工作中,心直口快的他,因看不惯直接上司在老板面前邀功,就替自己的下属说了一句公道话,没想到很快他就为自己的"仗义执言"付出了惨重的代价。

D 的上司以 D 的团队做的项目费用超标为由,不再给他派重点项目。而真实情况是,他们做项目的经费之所以高,是因为那个项目本来就风险大、收益高,而且收益时间很长。

之后,D 的团队做的都是小项目,与此同时,他团队里的骨干成员陆续被调到其他部门。到最后,他的团队里只剩下他和几个新来的实习生。

直到此时,D 才知道自己被贬了,但他没有抱怨,而是从容地接受了领导的安排。

D 明白,要想提高团队的战斗力,他这个领头的不能懈怠,他一边给下属鼓劲,一边利用业余时间充电、跑市场,与他看好的项目的顾客进行零距离接触。

这样一来,D 比原来还要忙。虽然他做的都是不起眼的小项目,但他的团队却将小项目做出了"花"。所有项目不仅比预计的时间完成得早，还培养了一批铁杆客户。后来，这些客户又给他推荐了很多业务。

渐渐地，他的团队以工作效率高、客户评价好，打出了名声，而且传到了国外总公司董事长那里。

董事长来公司时，特意找到了D。董事长也是从基层一步一步做起来的，在与D沟通时，他发现D有很多创意，这些创意的实操性很强，就鼓励他写一份详细的策划方案，在部门开会时向领导提出来。

在部门会议上，当D把一份精心准备的策划方案交给上司时，他的上司看也没看，就当众宣布："D的方案写得很好，但他写得好不一定做得好。他们部门上次做的那个项目，经费严重超支，这个项目就是做，也得让其他部门来做。"

成功运作了数十个项目的D，面对上司的刁难，若是以往早就发怒了，但他在经历长时间坐"冷板凳"的不公平待遇后明白，有时候，必须忍，忍一时不仅风平浪静，还能让自己变得更加成熟。

之后，D的心态更好了，他一边和团队做着上司眼里的小项目，一边考察客户、跑市场，力争每个小项目都做到极致。

一年后，由D的团队负责的一个广告，在国外获得一等奖。这个奖项让D在广告界名声大震，再次惊动了董事长。

接下来发生的一切，我不说你们也猜到了。D不但重新开始参与大项目的策划，还被总公司高层联合提名，升任公司的总经理。

坐冷板凳不可怕，可怕的是你坐在冷板凳上时，心也冷了。

当你坐在冷板凳上时，要保持一颗火热的心，只要心是热的，你就会转移情绪和注意力，为不再坐冷板凳做准备。这样，当机会来临时，你就能来一个鲤鱼跳龙门。

如果上面这个例子还不足以让你信服，那我再举一位名人的例子。

他19岁那年，提前从复旦大学经济系毕业，满怀激情地进入了上海陆家嘴集团。让他没想到的是，这份在他想象中激情澎湃的工作，大大出乎他的意料。

因为刚参加工作，没有经验，他被安排在一个小房间里看关于集团介绍的录像片。更让他郁闷的是，他这一看就是10个月。

这样的工作，如何施展自己的才智和抱负？

看着其他同事都做着充满挑战性的工作，生平第一次，他体会到人与人之间巨大的差距。不过，他很快就想开了，自己喜欢做管理，但要想管理好别人，首先得管理好自己，他要借这个职场"冷板凳"，管理好自己的情绪。于是，他在坐"冷板凳"期间，沉下心来阅读了大量管理类的书籍，为他日后独特的管理风格奠定了基础。

当他10个月的放映员生涯结束时，恰逢集团下属的一家企业有干部挂职锻炼的机会，他得到了这个机会。

在挂职锻炼期间，他运用那10个月形成的不温不火的工作习惯，用那10个月学习到的管理技巧，陆续推行了一系列卓有成效的改革措施，并逐渐形成了自己独特的战术和管理风格。

后来他去了一家证券公司，担任总裁办公室主任。几年后，我

未来怎么样,取决于现在怎么做

国互联网热潮梦一般地到来了,于是,小有成就的他勇敢地做出了新的选择:自己创业。

他,就是盛大网络董事会主席和首席执行官陈天桥。

他能够打造出今天的盛大,虽然源于很多因素,但不得不承认,他在坐"冷板凳"期间的经历,也是功不可没的。

罗曼·罗兰说:世界上只有一种真正的英雄主义,那就是在认识生活的真相后依然热爱生活。

我们的一生中,有三分之二的时间在工作。我们的工作和生活一样,不可能一帆风顺,有时会变得重复、枯燥乏味,有时会遇到意想不到的困难。这时,你要做的,就是用积极的情绪来面对它,解决它。

当你坐在冷板凳上时,与其在"冷板凳"上自怨自艾、疑神疑鬼,不如调整自己的心态,把"冷板凳"坐热。心甘情愿去承担其中的苦,并为自己以后的崛起做足准备,然后静静等待自己发光的那一刻。

29
选好职业生涯的"跳板"

1996年,我大学毕业。我在和两个最好的同学商量找什么工作时,一个同学说:"像我们这种刚毕业的,没有哪个公司愿意要,就不要指望进好公司、大公司了,不如先随便找个小公司干干,等有了经验,再跳到大公司,或是找个理想的工作。"

"你的意思是把公司当跳板?"我问道。

"对呀。"他点点头说,"没有跳板,怎么往高处飞?我们的跳板选对了,即使在上面站的时间很短,也能助我们跳得很高。"

我们想想也是。

半年后,我终于找到了第一份工作,是在一家小公司推销洗发水。之所以选择这家小公司,是因为这家公司的考勤制度比较宽松,不用天天报到,我觉得比较适合当我的"跳板"。

每天早上,我睡到九点多才起床,吃完早饭后,慢悠悠地在我租房附近的楼宇间穿梭,挨家挨户敲门推销公司的新产品。那时候,因为做推销的人太多,人们很排斥推销人员。

我上门推销时,人家不是不开门,就是打开门后还没等我把话

说完，就"砰"的一声关上了门。一天下来，一瓶洗发水也没有卖出去，还累得筋疲力尽。

第一个月，我没有完成任务，公司发的底薪还不够我在外面跑的花销呢。每到周末，公司会给员工做培训，这种培训是根据公司的实际情况，为员工量身定做的：让有业绩的老员工讲他们的经验，新员工可以把自己在工作中遇到的困惑讲出来。公司举办这样的培训活动，对我们来说是好事，能让我们更快地了解公司、熟悉自己的职责范围，对业务开展能起到事半功倍的效果。

按理说，我应该充分利用公司提供的培训，主动学习，努力提高个人素质和专业技能，在公司站稳脚跟。可是，我却不愿意参加这种培训，因为我想，我又不打算在这里长干，参加这种培训不是在浪费时间吗。

那段时间，我的日子过得没滋没味，做什么都提不起兴致，觉得这份工作太无趣。我一边继续向理想的公司投简历，一边在这个被我视作"跳板"的公司混日子，只等找到新工作就辞职。

到第三个月，我总共才推销出去12瓶洗发水，其中还有6瓶卖给了我同学。我仍然没有接到心仪公司的面试通知，在这里也撑不下去了，就向公司提交了辞职申请。

这时，和我一起找工作的两位同学来找我。

提出"跳板"定位的同学说，他第一份工作干到第四个月时，接到了现在公司的面试邀请。

他扬扬得意地说："我面试时，说我有半年的工作经验，第二天他们就通知我上班了。看来我借的这'跳板'还挺管用。"

与他相比，另一位同学就没那么幸运了。他的第一份工作试用期都没过，就被公司辞了。用他的话来说，第一家公司没有成为他的"跳板"，他反而成了公司的跳板。前几天，他与一位同事聊天，同事告诉他，现在公司明文规定：不招应届生。

我问换工作的同学："你现在这份工作做得怎么样？"

"不好，这份工作出现的问题，和第一份工作一样，每天都是重复做一些事，我一点激情都没有，干着没劲。"他说，"我想再干几个月，就辞职跳到大公司去。"

"你去大公司，做同样的工作，几个月下来，不又没劲了吗？"我忍不住问，"这样跳来跳去你不累吗？"

"这和谈恋爱一样，不尝试几份工作，怎么能找到适合自己的。"他振振有词地说，"反正年轻，把公司当跳板，换呗。"

"我现在跟你的想法不一样。"被辞的那位同学说，"在公司工作，不能把公司当跳板，这样会让自己变得没有激情。这些天，我一直在想，公司不但发给我们工资，还给我们提供各种设备和资源，我们干好了工作，既有奖金，又可以提升自己的价值。从这些方面来看，公司其实是我们实现个人价值的平台啊。我在做第一份工作时，本来谈成了一个客户，但那客户很磨叽，说要跟我们公司长期合作，希望我去他所在的城市面谈。那时我想，我又不在公司久待，他跟公司长期合作也没我的好处，再说了，公司也不报销差旅费，万一谈不成，我这不是费力不讨好吗？于是就放弃了。那时有这种想法，是因为我在心里把公司当成了跳板，现在想想，就算这个业务谈不

成,我也不会白去的,说不定会跟客户成为朋友。"

他们的经历,让原本想换工作的我有点犹豫:工作的性质都是差不多的,其实就是换环境。更重要的是,你是如何定位公司的?又是如何给自己定位的?

把公司定位为"跳板"的缺陷在于,你无法融入公司,眼睛老盯着公司的缺陷,觉得自己在这里太屈才,所以不会珍惜这份工作。

就以我为例吧,我在公司的前三个月,迟迟做不出业绩,是因为我的行动老随着心摇摆不定,遇到一点困难,首先想的不是怎么解决,而是逃避。

"我又不在这里长待,何必卖力呢?"这样的想法让我厌烦工作,到最后公司不但没有成为自己的"跳板",反而成为了自己职业生涯的"麦城"——或被公司炒掉,或因不胜任工作自动离职。

就算成功应聘到第二家公司了,在第一份工作中没有解决的问题,在第二份工作中仍然会出现。比如我那个提出"跳板"定位的同学,他心里若不舍弃"跳板"定位,很快会陷入新一轮的"跳槽"。

每个人的精力和时间都是有限的。如果我们把时间和精力都浪费在"跳槽"上,就无法做好工作。工作和爱情一样,是可遇而不可求的。随着我们年龄的增大,换工作次数的增多,找工作时将不再是我们挑公司,而是被公司挑。

没有哪家公司愿意招聘一个频繁换工作的人!

而当我们把公司当作平台时,对公司的感觉、对工作的看法就不一样了。我们会在心里把公司当成新起点,工作起来也会信心百倍。过不了多久，我们会真的爱上公司，习惯这种工作氛围和公司文化。当我们在工作上取得进步时，会发自肺腑地感谢公司为自己提供的平台。

不巧的是，就在我打算踏踏实实干工作时，辞职申请批下来了。结束第一份工作后，我没有立即找工作，也没有向朋友抱怨离职的那家公司不好。

纪德说，人人都有惊人的潜力，要相信你自己的力量与青春，要不断地告诉自己："万事全赖在我。"我开始进行反思：失去这份工作，不是因为我不喜欢，也不是因为我能力不够，而是因为我入职时没有为自己准确定位。我不该把公司看作跳板，而是应该把公司当成实现自我价值的平台。

海阔凭鱼跃，天高任鸟飞。无论我们在多么小的公司任职，它都是我们实现自我价值的平台，只要你是金子，在哪里都能发光！

几个月后，我找了第二份工作：卖鞋油。我从一个小小的推销员做起（这段经历我在后面的章节会具体讲到），在不到六年的时间里，担任过副经理、经理、区域经理、总公司副总经理。虽然我现在创办了自己的公司，但还是卖原来公司的鞋油，也就是说，我的公司是从原来的公司分家分出来的。

公司就像我们的家一样，你若把它定位成爱的港湾，就会不由自主地用一颗温柔的心待它，它就会为你提供最舒适的氛围，让你惬意，让你舒适无比，让你享受生活的安宁！

在跳板跳水这一运动项目中，运动员对跳板施力的同时，也受到跳板对他的反作用力，但这两个力的效果却完全不同，运动员改变的是跳板的形状，跳板改变的是运动员的运动状态。

　　运动员踩跳板跳水的原理，跟我们把公司定位成"跳板"是一样的，当你把公司当成"跳板"时，你会把自己当成过客，做什么都心不在焉，就等着哪天不爽了，抬脚走人，另谋高就。由此来看，把公司当成"跳板"，会影响你在工作时的状态。

　　我的同学说得对，不尝试做几份工作，就不知道哪份工作适合自己，但我认为这是有前提的，即：你无论做什么工作，都要把公司当作平台，竭尽全力去做。当你把公司当作平台时，公司便会成为你最好的"跳板"，让你华丽转身。

　　如果你在努力工作一段时间后，发现这份工作不适合你，那么即便你放弃这份工作，你在工作过程中养成的好习惯，也会伴随你一生，帮助你在以后适合自己的工作岗位上把工作做好。

30
让你抓狂的"魔头"是你的救世主

有一次，我的徒弟小A对我说，他要去给某公司的员工上课。我听到他说到这家公司的名称时，心头一震，这是一家投资公司。

三年前，小A到这家公司上课，可课上到一半，就被员工轰下了台。

"你讲的这些知识，度娘都可以告诉我。"

"这课太枯燥了，早知道听这样的课，倒找我钱，我都不听。"

"我靠，这明明是催眠曲嘛，跟金融课扯不上边啊。"

……

在员工们的起哄声中，小A羞愧难当，灰溜溜地逃走了。

说实话，小A是有真才实学的，他是经济学博士，也有在投资公司的成功投资经历。他讲课诙谐风趣，很受企业员工的欢迎。

可为什么在这个企业却遭到当头一棒呢？

说起原因来很狗血。

这个企业的老板，是小A高中时的班长。上学时，小A和他

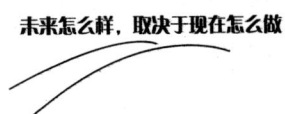
未来怎么样,取决于现在怎么做

同时喜欢上了班里的一个女生。由于小A成绩好,家境好,按时下流行的话来说,是标准的"高富帅",最重要的是,还有才。

正常的优秀女孩,自然会选小A。

那个女生自然是毫不犹豫地选择了小A,这样一来,他们的班长"失恋"就不可避免了。

世界上就是有这样一种人,他失败了,不从自身找原因,却迁怒于不相干的人。

小A的班长就是这样的人,他坚决认为,是小A抢走了他的幸福。

为了报复小A,班长大人利用班长的特权,拼命打压小A,向老师打小报告。用小A的话来说,那段时间,他这个品学兼优的好学生,经常被班主任叫去训话。最悲惨的一件事是,小A和心仪的女生的恋情,还没开始就被老师和家长联合剿灭了,而且是"斩草除根"。

小A心仪的那个女生,转到了别的班。

小A从一个人人羡慕的才子,变成了同学们人人喊打的潜藏最深的"勾引女生"的坏学生。

高中时期,小A在班长的打压下,不断地蜕变:他拼命学习,以还原自己尖子生的地位;他拼命练习书法和画画,以成就自己的特长;他拼命运动,强健体魄,以改变班长给他取的"小白脸"的外号;他拼命钻研自己最差劲的数学,以超越数学成绩最好的班长……

在"魔头"班长的各种摧残下,文科生小A在高三最后一次摸底考试中,逆袭成为全校理科王子,他的数学和物理居然得了满分。

高考时，小 A 以优异的成绩，考入京城某名牌大学。

大学毕业后，小 A 进入名企做了高管，因为喜欢演讲，就跟着我听课，不到半年，他就能独立讲课，并深受欢迎。

而小 A 的班长，也是个厉害角色，和朋友合资办了一家投资公司。

邀请小 A 到公司讲课，是班长的主意。

小 A 以为，毕竟是同学，毕竟是工作，有再多的恩怨，也该相忘于江湖了。然而，小 A 错了，他后来才知道，他讲课前，班长已经跟员工打了招呼，若小 A 讲得不好，就让他下课，因为小 A 的培训费太高了。

于是，便有了上面小 A 狼狈逃离的那一幕。

事情发生后，小 A 的同学和同事都为他愤愤不平，称班长是大"魔头"，刻意下好了套儿让小 A 来钻。

但小 A 没有这样想，他觉得，这次课讲得不成功，也有自己的原因，假如是巴菲特来讲课，一定不会出现这样的情况。于是，他把让他下课的那些人的言论记录下来，一一进行分析，发现自己的讲课内容虽然干货不少，但观点确实有点老，而且理论多于故事，干巴巴的，让人听得昏昏欲睡。

他开始学习，找来中外投资公司的成功案例，反复分析，根据课程的需要编成故事。同时，他不忘向周围做投资的朋友请教，把他们成功或失败的案例融入到课程中。他每次讲课前，都要花很长

未来怎么样，取决于现在怎么做

时间备课练习。

三年后的小A今非昔比，每一堂课学员都爆满，在行业内更是小有名气。他笑着对我说："杨总，您别笑我傲，我已经自信到让'魔头'无计可施的程度了。"

果然，小A的课讲得非常成功，两天的课程，他的班长全程听了下来。

"到目前为止，我听到的最好的金融方面的课，就是你讲的。""魔头"班长紧握住他的手，激动地说。

小A一语双关地说："谢谢你的成全！"

L是我的客户，关于他创业的故事，是营养丰富的"鸡汤"。

他在22岁时创业，从一个小小的修理工到大公司的老板，仅用了8年时间。

关于他事业成功的故事，有好几个版本：一个版本说他有一个有钱的爹；一个版本说他娶了一位有背景的老婆；还有一个版本更不靠谱，说他买彩票中了大奖，隐名埋姓后创业……总之，人红是非多。

机缘巧合，有一次我们在一家饭店邂逅，就相约在一起吃饭。席间，他向我讲起他创业前的一段经历。

他技校学的是电工，毕业后在一家房地产公司工程部做电工，公司安排主管V做他的师傅。因为在学校学的都是理论，没有一点实践经验的他，对实际工作中遇到的问题一窍不通。

V师傅对他要求很苛刻，每天让他打扫办公室、端茶倒水，或是让他到公司顶楼干没有技术含量的杂活,一遇到安装方面的工作,V师傅就自己去了。

两个月下来,他除了会泡茶扫地外,没学到一点儿电工的技能。月底,他去领工资时,无意中听到V师傅对公司的副经理说他又笨又懒,不想干活。副经理让V再带他一个月。

"我知道现在这些小年轻好逸恶劳,要是他再不好好学,就让他滚得远远的。"

与副经理这句话比起来,V师傅的那句"又笨又懒,不想干活",更让他寒心。

第二天,他听到有维修工作时,不顾V师傅的斥责,硬是跟在他身后去了施工现场。因为不熟悉工具,V师傅让他拿工具时,他屡屡犯错,V师傅就当众骂他,让他颜面扫地。

午休时,V师傅以他"工作不到位"为由,不让他吃午饭。他也不恼,借午休时间,在本子上连写带画地把V师傅操作的过程记了下来。

接下来的日子,他利用一切时间学习。V师傅让他顶着烈日去买零件时,他认识了卖零件的老板,就向对方借了一本电工维修的书看。老板看他好学,就把店里的一些残次品送给他,他就试着拆开维修。

就这样,三个月过完,他转正了。到第四个月时,他用业余时间考了初级电工证,半年后,他又拿到助理土木工程师证,两年后集团成立了物业公司,他成了公司最年轻的小区主任。

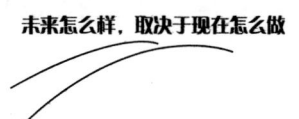

三年后,他自己创业成了老板。

"你现在一定不恨 V 师傅了吧?"我笑着问。

他点点头,笑了:"非但不恨,我还很感谢他!他让我明白一个道理:一个人的本事,不是跟着别人学的,而是靠自己的智慧学的。在你自学本事的过程中,你学到的将是比本事本身更重要的东西,那就是毅力。"

人生如行船,有顺风顺水的时候,自然也有逆风大浪的时候。如果你能始终以积极的心态去对待人生中可能遇到的"逆风大浪",并将其合理利用,化被动为主动,那么,你就是人生征途中高明的舵手了。

所以,当你在生活中的某个时刻,遇到一些令你抓狂的"魔头"时,不要痛苦,而应振作起来,寻找战胜"魔头"的本事。有一天,当你战胜"魔头"时,你会成为连自己都崇拜的英雄!

31
用你的方式坚持做事情

在一次行业沙龙活动中,我与业内的几位大亨交谈时,发现他们有一个共同点:把坚持当成了习惯。

S是做珠宝生意的,现在是行业中的精英,他对珠宝的鉴定,堪称专家。在说到以往的创业经历时,他不无调侃地说:"我在创业过程中遇到的坎坷,可以写成一本悬念迭起的小说了。先是经历了假货,赔进去几百万,那些钱除了我全部的家底,还有借亲戚朋友的、贷银行的。当我得知被骗时,整个人都没有知觉了。我开着车来到郊外的水库边,犹豫着跳不跳。我在那里待了一整天,终究没有跳下去。不跳的理由是:活着、坚持着、幻想着,希望还是有的。"

S垂头丧气地离开水库回到店里,员工们都已离职,他重整惨局后,拿起那几百万的假货,把玩一番,对自己说:"下次,我不会再进假货了。"

几天后,公安局通知他,抓住了卖给他假货的骗子,并郑重告诉他:"钱只能追回一部分……"

他放下电话,一个人在店里放声痛哭。

"幸好我没死,天无绝人之路,老祖宗的话是真理啊。"他边哭边对自己说,"无论在什么情况下,坚持下去,既是唯一的出路,也是必胜的选择。"

那次追回的钱,虽然只有三分之一,但足够他东山再起了。后来,在再次创业的过程中,他又经历了比这一次更惨的事情,已有经验的他,在痛苦的挣扎中,咬着牙坚持。

"每一次坚持,都会让心灵经受一次黑暗,这黑暗就像我们生活中的黑夜,天亮后就消失了。"他如是说。

与 S 比起来,G 的创业史就显得有点传奇了。

G 是国企的技术员。在 20 世纪 80 年代,年纪轻轻的他就每月拿着人人羡慕的工资。他不甘心一辈子就这样下去,于是辞职单干。

在那个年代,国企工人就是吃"皇粮"的,很牛,几乎没有人辞职。所以,单凭 G 辞职这一举动,就能"雷"倒一大批人。

G 创业掘的第一桶金是 50 万元。在那个每月工资只有几十元的年代,这 50 万元的含金量有多高,每个人都可以去发挥想象。

这 50 万元给了 G 力量和胆量,他扩大经营,还成立了投资公司。几年后,因为管理不善,他的公司险些倒闭。那时,员工纷纷离他而去,他背着上百万债务经营着苟延残喘的小公司。

"我那时完全可以关掉这个每月要交大笔租金的公司。"他说,"但我不能。因为这个只剩我一个人的公司,可以给我的债主带来安全感,更重要的是,这个让我发愁的公司,是我坚持下去的动力。"

那段时间,他一个人身兼数职,在全国各地跑业务,住最便宜的旅店,吃最便宜的饭菜。最终他成功了,并在国外成立了分公司。

成功者的人生和普通人一样麻烦不断,成功者的人生与普通人不一样的是,他们在坚持中从未放弃寻找解决问题的方法。

G又遭遇了一次更大的打击,而造成这次打击的,是他的一位朋友。

他的朋友让他牵线,给国外一家公司做项目,钱早就打给对方公司了,但对方公司却一再推迟发货时间。由于那笔钱数额巨大,朋友若再等下去,公司将面临破产,便把他从国外骗回国告他诈骗,法院以诈骗罪判处他13年有期徒刑。

他无视周围人的误解,在监狱里一边写申诉,一边读书、锻炼身体,准备东山再起。

7年后,他因为表现好,也因为证据不足,被提前释放了。出来后的第二个月,他就回到让他栽跟头的那个国家去创业,用借来的钱注册了公司,准备大干一场。

"7年时间,世界发生了巨大的变化,我对市场的敏感度也变得很差。但我相信,只要我坚持下去,在坚持中寻找破解问题的方法,我就会做得比以前更加成功。"

果然不出他所料。在十多年的坚持中,他公司的规模越来越大,现在已经成为拥有数十个子公司的集团。身为董事长的他,资产上亿。

他说:"对我来说,钱就是一个数字。我每天还辛苦工作,是因为我喜欢这种默默的坚持,在长久的坚持中,总有一份惊喜等着

未来怎么样，取决于现在怎么做

我们。"

"坚持下去，既是唯一的出路，也是必胜的选择。"
"在长久的坚持中，总有一份惊喜等着我们。"
……

这些话，是我在沙龙上听到最多的话。

有人说，成功者是不愿意把真话讲出来的，所以，成功是不可复制的。我想，并不是他们不愿意讲真话，而是每个人的成功模式都是为自己量身定制的。即使他们说出来，也不一定适合你。但有一点是通用的，他们在失败或是遭受挫折时，所采取的应对手段，是我们可以学习的。

提起 NBA 湖人队的得分后卫科比，可以说是无人不知、无人不晓。他在球队中的领袖作用，他的得分能力，帮助湖人队一共取得五次总冠军。

大家知道吗，科比每天要练习 2000 次投篮。在来中国的专机上，都摆放着健身器材，他每天必须进行体能训练。他付出了，所以他成功了。

科比一年的薪金是 2480 万美元。假如有人对你说，只要你像科比一样努力，将来就会成为科比，你能坚持练下去吗？

2010 年 12 月 1 日，在湖人对灰熊的比赛中，科比投进一个难度很大的球后，资深篮球评论员杨毅在直播中感慨地说："有的人挣这么多钱就不好好练了，有的人挣这么多钱却激励自己好好练。"

科比能够成功,并不是因为他比别人有天分,而是因为他那份多年如一日的坚持。

现在的职场人,一提到"事业成功"四个字,就眼睛发光,人人都想坐上高职位,个个都想拿高工资,凭什么?

我告诉你,除了凭借勤奋的行动和不懈的坚持,你别无所长。

人是自然界最伟大的动物,无论哪一个人,无论现在他在做什么,他都是独特的,唯一的。他有自己的思想,主宰自己的行为,决定自己的未来。

当我们失意时,根本用不着沮丧,只要你敢于坚持,勇于付出,不畏首畏尾,凭着一颗追求的心,就没有什么是你不能完成的。

用适合自己的方式去坚持某件事,锲而不舍地追求目标,不成功绝不放弃。当你有这样的坚持时,绝对会比别人成功,因为当一个人满怀信心地去追求时,他的动力是十分强大的,足以完成任何在别人看来不切实际的梦想——因为每个人的潜力是无穷的。

所以,请从现在开始相信自己,勇于追求,锲而不舍,你终将成为更优秀的自己!

32
没有牛掰的资格就不要任性

每到春季,我的微信朋友圈也会像这充满生机的季节一样,出现一些新语录:

"春光那么美,我要去看看。"

"生活已经够苦了,为何不趁大好春光犒劳一下自己?"

"辞职了,明天启程去三亚看海!"

"对老板的一再挽留,我只能说无能为力,毕竟,与工作比起来,见识更重要。是的,我要来一场说起就走的旅行。"

……

看着这些青春激荡的小鲜肉们,在冲动之下做出的任性决定,已经成大叔级别的我,真是羡慕嫉妒恨啊!

"不要在可以任性的年龄选择安守本分。"

说这句话的是我认识了将近五年的朋友S。

五年前,我去S所在的大学讲课,主题是"在公司里,不能把自己当员工"。我希望所有初入职场的人,都能自私一点儿,借助公司提供的平台，为自己的事业打拼。

那时S上大四，拥有丰满理想的他，极度反感我的言论，他半开玩笑半认真地说："杨老师，我怎么听着您这句话像是在给我们洗脑呢？"

接着，他分析道："在公司就得把自己当员工，打工能实现梦想的概率太小了。您也是公司老板，请问您的员工中，有几个在您的公司实现了梦想？"

"是呀。我的梦想是游遍天下名山，吃遍天下美食。呵呵，工作能帮我实现么？"

"我的梦想是赚很多钱，买别墅，娶美女，请问杨老师，您说什么样的工作能帮我实现呢？"

好在我这人随和、幽默，也是从他们这个年龄过来的，在他们的炮轰中，我微笑着回答："能，选你们可以任性的工作，在工作中任性地发挥你们的价值。"

他们齐声说："哇，杨老师不地道，又变相地在给我们洗脑。"

那堂课，是我讲课以来最热闹的一堂课。真是不打不成交，那堂课以后，这些可爱的、较真的大学生，看到与我辩论不分胜负，纷纷找我加了微信，要在日后与我一决高低。

S毕业后，幸运地进入了一家国有企业。

他每天都在微信上晒他的工作动态，工作一不如意，就向我抱怨、发牢骚。我告诉他："你可以尝试一下，别把自己当成员工，看看是不是状态会好一些。"

未来怎么样,取决于现在怎么做

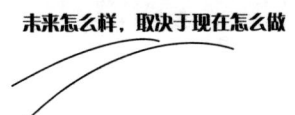

"哼,我干吗委屈自己,拿着员工的工资,操着自己梦想的心。我这样做是不是傻?"他愤愤不平,"他们别惹急我,等哪一天我翅膀硬了,就炒了老板的鱿鱼,飞得远远的。"

好在他只是过过嘴瘾,五年来,他从原来的不停抱怨、不时抱怨,变成了现在的自信满满。

"我可是我们销售部门的主管呀,管着十来个人呢。"他在微信上对我说,"虽然官儿不大,可好歹也算个头儿啊。"

我向他祝贺。

"我混了五年,才爬到了这个位置。我没有背景,人又不圆滑,是靠着自己的真才实学,一步步走上来的。"他不无自豪地说,"连我都忍不住对自己膜拜。我记得领导宣布时,我一听到我的名字,那颗小心脏就扑腾扑腾地加速跳动起来。"

S为这个炙手可热的职位付出了很多。这家企业生产的产品是生活用品,他手中掌握着全国各地的重要客户资源。

"这些大客户,是我辛苦五年,一千多个日子,才换回来的啊。"S说。正是这个原因,决定了S在这家国有企业中有举足轻重的作用。

S在微信圈里经常发一些彰显自我的话:"无论在哪里工作,别人都看不到你的努力,只会看到你偷懒。"

"你做好了自己,他人的帮助只是锦上添花!"

"做无可替代的员工!谢谢自己,我靠着自己终于做到了。"

……

我问 S，他的微信圈里有没有公司的领导。他无所谓地说："有啊，我发这些就是让他们看的。我走到今天这个位置，领导没有给过我一丁点儿帮助，全靠我一个人的努力。"

"正是领导的不帮助，才激励你成就了最好的自己。"我知道我又说了他不爱听的话，"领导不但能看到你的偷懒，也会看到你的努力。呵呵，有领导在，咱在语言上还是尽量地照顾一下他们的情绪吧。"

"杨老师，对不起，在这一点上我们永远达不成共识。我只能以'呵呵'结束咱们的谈话了。"

几年来，我和 S 在微信交流时，他总是以这种方式结束我们之间的交流。

有一段时间，S 所在的公司进行改制，他觉得凭借自己的能力，有望再往上走一步，升为主管销售的经理。但不知哪个关节出了问题，他没有如愿以偿。另一个他一直看不起的"观念落后"的 70 后大叔，却"一步登天"成了他的顶头上司。

他的愤懑是可以想象的，在微信圈里放出话来，说自己的能力得不到认可，不想干了。这话自然被加着他微信的老板看到了，老板亲自找他谈话，让他安心工作，说会慎重考虑这件事情的。

但很多天过去了，老板迟迟没有再找他，出乎他意料的是，他原有的许多权力反而被取消了。

盛怒之下，S 决定辞职。他在微信上对我说时，我像以前一样劝他忍一忍。他胸有成竹地说："放心，我用的是一箭双雕的

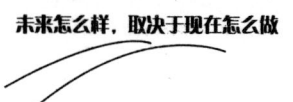

计谋,凭我在公司的影响力,他们不但要挽留我,还会给我升职的。像我这种销售精英,他们去哪里找啊,就是培养,也需要花费时间的。"

听他说得这么有把握,想想也在理,毕竟,公司培养一个优秀员工,确实不容易。

我静等着他"升职"的消息。

几天后,S在微信上对我说,他向公司交辞职信的时候,老板并没有感到意外,只是要他再认真考虑一下。他说已经考虑好了,老板说第二天给他答复。第二天一上班,老板就打电话对他说:"请你过来办离职手续吧。"

S就这样离开了。说实话,他走得很不甘心,甚至认为老板还会请他回去。

他想看公司产品销售不出去的笑话,但现实又一次回击了他。公司产品仍然源源不断地发往外地,他的离去并没有给公司造成任何不良影响。他企图拉拢的那些商人朋友,没有一个人理睬他,因为他们是商人,是以利润为目标的。

再说了,人在职场,老板也好,员工也好,客户也好,都是因为利益才在一起合作的。

你作为公司的一员,代表公司与客户合作,说得明白一点,客户愿意与你合作,并非因为你这个人,而是因为你身后的平台——公司。

更重要的是,客户愿意与你所在的公司合作,是因为在公司里得到了应得的利益,与你没有一点儿关系。

失去一个很好职位的S，懊悔万分，他一会儿自嘲是刘备，大意失荆州，一会儿又感叹职场的无情，以后要且行且看且珍惜。

"如果咱没有牛掰的资格，还是不要任性噢！"

看着S在朋友圈里发出这样的感叹，我给他点了一个赞。

不管你是什么人，在你的才能没有像盖茨、乔布斯、卡菲特那么大时，还是低调一点儿吧。何况，他们之所以"牛掰"，是因为他们有牛掰的资格啊。

所以，我说一句大家不爱听的话：当你实力不够时，不要太过任性，脚踏实地地做好你的工作，才是最实用最可靠的好办法！

未来怎么样,取决于现在怎么做

33
用傻帽一样的坚持换回你想要的东西

我的朋友 Y 就读于广播学院,但他的梦想是做一个广告策划人。

大学毕业后,他没有像其他同学那样,去电视台找编导、主持人的工作,而是进入某广告公司,每天在写字楼里和同事聊创意。那段时间他开心极了,并发誓要在这个行业做出点成绩来。

天有不测风云,试用期还没有过,人事主管就叫他到办公室,对他说:"很抱歉,公司认为你不适合做这份工作,从明天开始,你就不用来公司上班了。"

这是他初入职场遭遇的第一次挫折,他是那么喜欢这份工作,可是找工作就像是谈恋爱,是双向选择,人家没有"看"上他。

那段时间,他感到万分无奈,一度怀疑自己的能力。但他实在太热爱广告策划的工作了,很快说服自己振作起来,重新找类似的工作。

在网上招聘的广告公司很多,他也投了无数份简历,但却如石沉大海,久久得不到反馈。偶尔有一家公司让他去面试,面试之后便又是杳无音讯。

转眼两个月过去了,他还没有找到工作。这时,父母和同学都劝他回省城老家,去报社或电视台找记者或编导的工作,他固执地拒绝了,也因此与父母闹僵了。

他继续找工作,与此同时,还得应付房租、水电费、吃穿行的费用。为了省钱,他搬过好几次家。有一次,他身上仅剩50块钱,他就用这50块钱扛了一个月,每天都用馒头、咸菜、白开水充饥。

这期间,他从微信朋友圈得知,他的同班同学,大部分做了记者、主持人、编导,最差的也是公务员。他曾经动摇过,可是一想到每天要做不喜欢的工作,他又咬牙坚持了下来。

Y对我说,做一个广告策划人,是他此生的梦想,就像他的初恋情人一样,让他爱得着魔。好在天无绝人之路,就在他的50块钱花得只剩10块钱时,他接到一个广告公司的录用电话。

他立刻像打了鸡血一样兴奋。公司提供住宿,还有免费的午餐,他立刻搬到了宿舍。他搬过去后才发现,两室一厅的员工宿舍,就在公司楼下,是公司特意为了方便员工加班租的。

有很多同事嫌加班不给钱都不去宿舍住,而他很乐意住着这么宽敞的房子,每晚加班到十一二点。

付出就有回报,他的工作小有起色,他也打算在公司里大干一场,但不幸的是,半年后,公司倒闭,他再次失业。

第二次失业,让他有点动摇了。因为这份工作工资不高,他没攒下多少钱,交完房租后,所剩的钱寥寥无几。

他是多么希望留在这座寄托了他梦想的城市啊!可一而再、再而三的挫折，已经超越了他的承受极限。他嘴上告诉自己放弃这座城市，放弃这个梦想……但是心里坚定得连他自己都感到吃惊。

冬天，北方的城市天寒地冻，他租的平房里没有暖气。他一边投简历找工作，一边泡图书馆、逛图书大厦。他知道，要想把工作做好，就得抓紧时间恶补相关的知识。

好在年底工作好找，他的第三份工作费了一番周折后，终于找到了——在一家小公司做活动策划，他拿的是刚够糊口的保底工资，每晚加班写策划方案。只要把自己的创意方案卖给客户公司，他就能为公司赚到钱，自己也能拿到高提成。

做着自己喜欢的工作，他每天都心情很好。晚上改方案，白天去缠客户。

早上八点半，他就来到客户的办公室门外，等着通过一次电话的客户上班。他是职场新人，加上所在的公司没有名气，有时候一等就是几个小时，好不容易等到对方，他刚自我介绍完，对方就找个借口离开了，他手中的方案，都没有来得及交给对方。

他是如此珍惜这份工作，厚着脸皮屡战屡败，屡败屡战。命运有时对一个不幸的人真的很无情，几个月后，他所在公司的合伙人带着钱跑了——他连最后一个月的保底工资都没有拿到。

他像一个在爱情中屡次被抛弃的人一样，伤痕累累。

为了生存，他只好和朋友合伙卖服装，在夜市摆地摊，他把招揽顾客的词写得像广告词一样精彩。生意好的时候，他会用赚到的钱买喜欢的书。

深夜回到家，他继续啃广告方面的书。

半年后，他在卖服装时认识一位广告公司的主管，并且和其成为朋友。当对方知道他想做广告策划时，说他们公司正在招人。

于是，他结束了卖服装的生活，来到这个公司做广告策划，没有底薪，项目都得自己去跑。相对于卖服装来说，其他的工作对于他来说都不叫累。

机会难得，为了保住这份来之不易的工作，他更是加倍地努力。

真是越怕什么越来什么，因为公司效益不好，他这份工作只做了四个月，公司就转行做别的了。

他再次失业。

当时刚过完春节，工作相对好找，再加上他这一年多来找工作的经验，很快就找到了工作。

当公司通知他上班时，他多了一个心眼，在网上查了一下这家公司的资料，发现这家公司的信息少得可怜。为避免出现上几家公司那样的情况，他第一次拒绝了公司。

他想："我喜欢这个行业，我都坚持一年多了，再找工作时，不能太仓促，我一定要找一家靠谱的、真正做事的公司。"

有了这个想法，他调整好心态，重新"美化"了简历。当然，他的"美化"就是虚构了一些业绩，虽然这些业绩是不存在的，但他相信，通过自己的努力，在未来，这些业绩一定会成真的。

在"美化"简历后，他开始筛选公司，在向心仪的公司投简历时，他都会查一下公司老总的邮箱，并发一封语气真挚的推荐信。

未来怎么样,取决于现在怎么做

他在信中写道:"我虽然不是专业出身,但我相信,凭着我对这个行业的喜爱,再加上我这傻帽一样的坚持,一定能为公司创造出辉煌的成绩,并成就我的梦想!"

什么事情都怕用心,你一旦用心,就再也没有什么困难能够阻挡你前进的道路了。

他就是用这样的求职"小伎俩",成功捕获了心仪公司的"芳心"。

这家广告公司的老板亲自给他打来电话,通知他面试。而且他没有像其他面试者那样要参加初试、复试,而是直接由老板面试,他们在谈过十分钟后,老板当场拍板:"你明天就可以来公司上班了。"

于是,他在历经四次失业后,重新回到了自己喜爱的行业中。这时的他,哪里是员工,分明就是一个不要命的创业者,他有工作经验,又自学过很多相关知识,再加上他对这个行业的热爱和领悟,他的能力几乎要爆表了。

他在公司的第一个广告文案,客户满意极了,一个字都没有改。

一个月里,他为公司做了十多个成功的广告文案。

现在的他,得到公司的重用,是公司策划部门的总监。

他说,他很感谢以前的经历,正是那些经历,逼他学会了做方案,学会了做销售,学会了节约成本,学会了控制时间,学会了和人打交道,学会了在梦想面前锲而不舍的坚持。

他总结说:"用十二分的努力做好你的事情,用傻帽一样的坚持追逐你的梦想。总有一天,你会得到你想要的东西。"

在我们的人生道路上，总有一个阶段，要活得像个傻帽一样，为了自己想要的东西全力以赴、不计后果。

不要担心会失败，不要害怕没退路，只要我们心中涌动着无限的激情，只要我们坚持心中的梦想，即使没有干出一番惊天动地的事业，也会让你收获生命的各种惊喜！

34
让你的"恐惧"成就你

几年前,有个朋友向我诉苦:"我爱上了一个姑娘,想向她表白,又害怕被拒绝。"

我对他说:"你越是害怕被拒绝,越要向她表白。"

他犹豫了一下,问道:"万一她拒绝我,我岂不是永远失去了她。失去她,是令我更为恐惧的事情。"

我说:"那你更要表白了,战胜恐惧最好的办法,就是直面恐惧,以毒攻毒。"

听了我的话,他终于向姑娘表白了。

果然如他所料,他被姑娘拒绝了。但让他没有料到的是,他失去姑娘后,并没有想象中那么难过,反而感到解脱了。此后,他不再患得患失。后来,他遇到现在的妻子,顺利地求爱、求婚、结婚。

当你遇到害怕的事情时,只要试一试,就会发现,其实并没有什么,也没有你想象的那么可怕。

恐惧的原因是自己吓唬自己,世上没有什么事能真正让我们恐惧,恐惧只不过是人心中一种无形的障碍。不少人碰到棘手的问题时，习惯设想出许多莫须有的困难，这自然就产生了恐惧感。所以，当你在感到恐惧时，只要大着胆子去干，就会发现事情并没有你想象的那么可怕。

我曾经看到过这样一个故事：

有人把一只饥饿的鳄鱼和一些小鱼放在水族箱的两端，中间用透明玻璃板隔开。刚开始，鳄鱼毫不犹豫地向小鱼扑过去，它败得很惨，但它毫不气馁，继续扑向小鱼，最后不但没有咬到小鱼，头部还受了重伤。

在饥饿的驱使下，它向小鱼发动了第三次第四次进攻……

当多次进攻都失败后，它便失去了信心，不再进攻了，安静地缩在角落里。这个时候将玻璃挡板拿开，鳄鱼像死了一样一动不动，无望地看着那些小鱼在它眼皮底下悠闲地游来游去，最后竟然活活饿死了。

鳄鱼受习惯的影响，死于成见。被称为高级动物的人，有时候也会犯和鳄鱼一样的错误。

我们总是竭尽全力企图避开那些妨碍我们前进的事物，而这些事物却顽固地存留在我们的头脑中，而其中有一些只是我们自己的想象，而非真实地存在。

当我们遇到害怕的事情时，只要勇敢地试一试，就会发现事情并没有你想象的那么可怕。当你发现自己回避害怕的事时，可以问问自己："如果我去尝试，最坏的结果是什么？"

最坏的结果，是不会比你想象的更可怕的。

未来怎么样,取决于现在怎么做

有人问英国戏剧大师萧伯纳:"为什么你讲话那么有吸引力?"萧伯纳答道:"试出来的,就像学滑冰一样,开始时,笨头笨脑,像个大傻瓜,后来试的次数多了,就熟练了。"

萧伯纳年轻时,性格内向,害怕在人前讲话,更不敢在公开场合发言。即使他去朋友家,在敲朋友的门时,也要在门外徘徊20分钟,才硬着头皮去"冒险"。

为此,他说:"很少有人像我这样深受害羞和胆怯之苦。"

后来,他下决心要变弱为强,于是参加了辩论协会,出席伦敦各种公开讨论会,逮住机会就发言,终于跨越了无形障碍,成为20世纪最有自信和最杰出的演讲者之一。

我有个亲戚,是个年轻的姑娘,从小喜欢游泳,体校毕业后,在一个游泳馆当教练。

一次,她和朋友外出旅游,在景区碰到一个溺水的孩子,她毫不犹豫地下水去救,结果是,孩子得救了,她却差点出事。幸好有其他人及时相救,才避免了一场灾难。

她感到很奇怪,因为那个湖里的水并不深,而她的游泳技术很好,怎么会出这种事情呢?

家人得知此事后,害怕她在工作中发生意外,就想让她换工作,她不同意,有人建议她找人算算命。

"你命中犯水。"算命先生对她说,"以后尽量别去游泳了。"

虽然她不迷信,但想起那次救人时的情景仍心有余悸,就听从家人的劝告,转了行,好几年没有游过泳。

转机发生在三年后的某一天,她回老家时,她的侄儿不小心掉进了门口的池塘里,情急之下,她不顾一切跳下去救侄儿。

这次,她顺利救起了侄儿。

而那个池塘很深,她救上来侄儿后,体力非但没有感到不支,反而觉得全身充满了力气。

之后,她背着家人,又去游泳馆当教练了。

现在,她是我们那个城市有名的游泳教练,她还根据自己的经验,出了一本教授游泳的书,除了讲各种游泳技巧外,还有一些如何自救的措施。

此时,她再分析第一次救人时的"失误",恍然大悟,那次她在跳下水救人前,旁边的人告诉她:"姑娘,你要小心啊,这个湖很深,每年这个时候这里都会莫名其妙地淹死一个女子。"

她听后就信以为真,可看到水中挣扎的孩子,她又不忍心。带着这种恐惧的心理下水救人,自然会有所顾忌。

正是心理上这种无形的障碍,让自小就会游泳的她情绪萎靡,自信心丧失,肌体功能失调,导致她差点丢了性命。

由此可见,恐惧会把人吓得这也不敢干,那也不敢做,无形中自己就被归类到那些"注定"不会成功的人里边了。

很多时候,成功就像攀爬铁索,失败不是因为智商低,也不是因为力量单薄,而是因为自己被无形的障碍吓破了胆,所以,我们一定要敢于做自己害怕的事。

"当你恐惧某件事情的时候,就一直去做,直到你不再害怕。"

未来怎么样，取决于现在怎么做

这是电影《保镖》里的一句话。

罗夫说，去做你害怕的事，害怕自然就会消失。

闾丘露薇的成功是细碎的，又是极其顺理成章的。她大学时没有选热门专业，而是选了复旦大学的哲学系。大学毕业后，她到家人开的公司打过工，卖过汽水，倒过文化衫和手表。1995年，她移居香港，一切都得从头开始，她有幸加盟了香港的一家电视台。

2001年10月，面对上司的发问："谁愿意去阿富汗？"

由于阿富汗正经历战争，大家都有所犹豫，害怕在战乱的国家有危险。作为女记者，闾丘露薇也有这样的顾虑，但她却第一个举起了手。

闾丘露薇如愿远赴战火中的阿富汗，并因此一举成名。

闾丘露薇的成功再一次告诉我们，成功也许需要很多东西，但唯一不能缺的就是胆量，不要对没有发生的事情感到恐惧。

无论在生活还是在工作中，你对做某件事感到心里没底，不去做又日夜担心时，我劝你什么也别想，勇敢去做。你可以对自己说：我已经战胜了恐惧，下一次同样能够战胜它。

你只要战胜一次恐惧，接下来的经历就会让你获得力量、勇气与信心。所以，越是你觉得做不到的事，越应该去做。

当你把心思放在必须做的事情上时，就会转移注意力，便不再会害怕。

人生就是碰钉子，碰一回钉子，长一分见识，增加一分阅历。记住，天塌下来，还有高个的撑着。冒一次险吧，让你的生命享受冒险带来的别样刺激。

第六章

精彩人生，联烨员工的故事

未来怎么样， 取决于现在怎么做

未来怎么样,取决于现在怎么做

35
所有经历都是人生财富

石家庄四部经理周建波

1974年春节前夕,我出生在中原腹地一个农家小院。我有一个哥哥一个姐姐,由于是家里最小的孩子,父母对我极为宠爱。

20世纪70年代,我国农村普遍贫困,而我家的经济状况更是处于平均水平之下。

从我记事起,就跟着父母在田间地头玩耍,他们没有时间带我,又不放心我一个人在家,只好带着我去田里劳动。可以说,我的童年是在缺少欢乐、单调乏味的日子里度过的。

我上学后,每天放学都要去放羊、割草,再大一些,就扛着锄头跟父母一起到地里干活了:给园子里的果树打农药、割麦子、收庄稼等。

由于家里实在太穷,我的哥哥姐姐早早就辍学了,帮家里干农活,我成为家里唯一跳出农门的希望。

在我的记忆里,我最害怕的是每学期开学,因为学校会让交学费。

因为家里实在太穷，父母一听说我要交学费，就紧皱眉头，半天不说话。直到学校催过好多遍，父母才东借西凑，让我把几块钱学费交上去。

小学升初中时，我是村里考上镇重点中学的三个孩子中的一个，很给父母争光。也就是从那时开始，父母发现我确实学习很努力，于是下定决心，不管生活多么难，都要想办法供我读完大学。

我深知父母对我的期望，所以初中毕业时，我没有像大多数同学那样报考中专类的院校，以求早毕业几年，享受国家分配的工作，捧个铁饭碗，而是选择了风险性较高的高中。当时，能够考上大学的人凤毛麟角。后来的事实也证明，上高中确实是有风险的。虽然我很努力，而且高三还补习了一年，参加了两次高考，但最终也没能考上理想的大学。

退而求其次，我上了西安一所大专院校，这在当时的人们来看，已经算不错了，我也很庆幸自己能有一次上大学的机会。

当我从贫穷的农村来到大都市时，真是大开眼界。在大学里，我接触到很多新鲜事物，了解了很多以前不知道，也无从想象的事情。更重要的是，在大学文化氛围的熏陶下，我的思想，我的观念，我对事物的看法和思想意识，有了很大的转变，这为我以后的人生做了铺垫。我在此双掌合十，由衷地感谢我的大学！

其实，说自己是大学毕业生，还真是有点羞愧，因为我并没有拿到毕业证。临近毕业的那一年，学校基本没课了，而我之前的所有科目都顺利过关，就等着拿毕业证了。

但是，直到拿毕业证时，我还欠着学校一年的学费——七千多

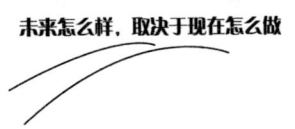

块钱，在当时算是很大一笔钱了。

我实在想不明白，学校都没有课了，还交那么多钱干什么啊？就为一张毕业证吗？以我的能力，难道没有毕业证就闯不出一片天空？

那时，年少轻狂的我，带着完美的理想，毅然决然地不再听从学校的安排，决定自己到社会上找出路。当然，我这些行为都是瞒着父母的。现在回想起来，真够大胆的，万一让父母知道了，肯定会引起一场轩然大波。

在我做这个决定时，有一个人起了关键作用，这个人，在我当时以及以后的生命中，都很重要，所以我在此不得不隆重地提一下，他，就是杨萧。

杨萧是我大学期间最好的朋友，我在大学期间所经历的每一件事，做的每一个决定，几乎都和他有密切的关系，这一次也不例外。

相比我来说，杨萧家的条件优越多了，据说他家人早已经给他铺好了以后的道路。但他对我说，他是不会靠家里的帮助实现梦想的。所以，他和我一样，认为毕业证没有用，有了这样的想法，我们两个的思想一碰撞，立刻就产生了火花——自动退学，自谋生路，早日实现伟大的创业理想。

理想是丰满的，现实是骨感的。这句话我一走出校门就有了深刻的体会。几次面试下来，我这么文雅的人都开始对着天空骂人了，还让不让人活了？再怎么着咱也是大学生啊，最起码是上过大学的人吧，一个月就给300块钱的工资？

但是，当我静下心来想时，又觉得这300块钱也是钱啊，先慢慢来吧，年轻人积累经验最重要，于是我决定忍辱负重，卧薪尝胆，去公司上班。

第二天，我和好朋友杨萧一起去报到，可是到那里人家却说，因为我俩工作经验太少，经过人事部的慎重考虑，暂时还不能录用我们。

"请回吧，不好意思！"

听着这一句无情的话，我气得都不想骂人了，想打人！300块钱一个月我们都好意思干了，你们倒不好意思给了？经验少？我们刚从学校出来啊，除了考试的时候偷瞄同学的试卷，能有什么经验？再说了，诸葛亮出山前不是也没有带过兵吗？凭什么要求我们一毕业就有工作经验啊？

我牢骚还没有发完，杨萧发话了："急啥，此处不留爷，自有留爷处，走！"

我一想，此话有理啊。于是，我们哥俩相互对视一眼，信心来了，大步流星地走出这个公司的办公楼。来到大街上，看着过往的车辆、人流。在车水马龙中，我俩又情不自禁地对望一眼，彼此都想问问对方："哪儿是留爷处？"

再到后来，偶然接触到推销这份工作。这份工作很辛苦，每天背着装满产品的包到处找客户，一天下来，累得够呛，收获却甚微，但是，因为看到了其中的发展机会，我们就努力坚持着。

那段时间，我很努力，每天早上六点起床，随便吃点儿东西就赶到公司开始一天的工作，做早运动、早练习，学习公司的五个步骤、八个要点等文化，模拟演示，分享和聆听同事前一天的工作心

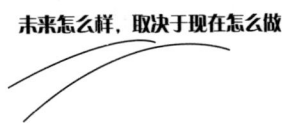

得,再听经理讲工作技巧和管理知识,八点半准时出发去寻找和拜访顾客。

面对客户时,我一遍又一遍地给他们讲解产品,免费让他们试用。冬天,我迎着寒风,冒着大雪,双手冻得通红,甚至冻伤;夏天,我顶着酷暑,走遍城市的每个角落,寻找一切能成交的机会,为了我心中的梦想,我义无反顾,无怨无悔,用自己的汗水和艰辛一步一步丈量着通往成功的道路。

因为我把这份工作当作事业,所以,我不怕辛苦,每天充满激情地奔波在推销产品的路上。

那时我经常想:既然是创业哪能不付出?但是时间长了,心理上的压力和打击一次次冲击和考验着我们的承受极限。面对同学、朋友的不理解,家人的不支持,客户的屡次拒绝、打击,都在敲打着我的心灵,但最终,我坚持了下来。

在这里,我感谢公司合理的制度,感谢公司强大、丰富的企业文化,感谢身边的同事、战友,正是有了大家的鼓励和帮助,我才能渡过一道又一道难关。

这些年,在逆境中的生存经验,让我渐渐明白,奋斗的人生是最有意义的。

我们不是富人的后代,没有高学历,没有丰富的经验,没有雄厚的资本,更没有背景,我们只能靠自己,只能用自己的汗水和泪水,为自己搏一个好前景。强烈的进取心和超人般的努力,是我们仅有的资本。

我想说:推销是一个伟大的事业,推销人员是这个世界上的勇者！强者！

所有的经历都是阅历，哪怕是苦难，我们流过的汗水和泪水，都会成为我们人生中的财富。

现在，我已经在石家庄定居，不但有了自己的公司，还有了贤惠的妻子和可爱的儿子，过着幸福的生活。

我的哥们儿杨萧，也就是本书的作者，已经是联烨公司的总经理，在全国各地有几十家分公司，身边聚集着一大群社会精英、销售人才。

我们不再为一日三餐而奔波劳碌，我们把更多的时间和精力投入到了团队建设方面。因为我们知道还有很多年轻人，和当初的我们一样，有理想、有抱负，但找不到出路，他们需要榜样的力量，需要正确的引导。我们先一步走出来的人有责任也有义务去帮助他们，让他们通过自己的努力，达成理想，成为想要成为的人。

我们还很年轻，还有很多事情等着我们去做，去完成，我们不怕困难不畏艰辛，相信将来一定能收获更美好的生活！

未来怎么样,取决于现在怎么做

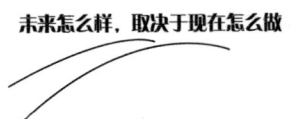

36
请让我们的梦想走进现实

太原分公司经理牛玲强

加入联烨以来,我经历了太多太多,不知道遭受过多少次拒绝、打击、诱惑,但我都坚持了下来。

记得我刚做推销时,在不到一个月的时间里,遭受了别人的白眼、嘲笑,还被人骂作"骗子",我在街角摆摊时,还被城管扣过货。

然而,正是曾经遭受过的这些坎坷,让我体会到,做什么工作都不容易。我在克服困难的过程中,变得越来越成熟,还学会了处理各种突发事件。

我在工作之余思考:人这一辈子,说长也长,说短也短,如果不经历一些事情,人生难免会索然无味。

有一次,我和师父聊天,他语重心长地对我说:"玲强,你有没有想过,其实你这一路走过来,还是比较顺利的。你要想走得更远,还需要继续奋斗、拼搏,因为一个人要想成长,就得多吃苦。"

听了师父的话,我点了点头,与公司其他有成就的同事比起来,我还是经历得太少,以后我要多给自己挑战,只有不断挑战自己,

第六章　精彩人生，联烨员工的故事

才能更快成长。

我出生在保定郊区一个农村家庭，家里生活条件还算不错。但我明白，家里的钱都是父母辛苦挣来的，我已经长大了，不能再花他们的钱了，我可不想当"啃老族"。所以，我来到城市上学后，就准备靠自己的努力赚取学费和生活费。

假期，我在托运公司做过搬运工，在批发公司做过送货员，这些都是体力活儿，累不说，收入也低。但我并没有觉得苦，那时我只有一个想法，就是看自己能不能在城市生活下去，结果证明我能行。

大学毕业后，我怀揣着干一番事业的梦想，开始找工作。我先是在化工厂工作了一年，又干过一年电脑维修，这些工作收入都很低，也很累。我第一次体会到了生活的艰辛，赚钱的不易。

我想过考网络工程师、平面设计师，但我渐渐发现，理想和现实相差太远。凭借我掌握的这点知识根本不可能做好，而如果想提升自己，就得花很多钱去参加培训，等培训完了，又面临着没有经验找不到好工作的窘境。

最后我决定：先就业，等赚了钱再学习。我觉得学习也要基于实践，工作之后，才会发现自己哪里有欠缺，这样的学习更有针对性。

写到这里，我想对那些刚毕业的同学说："有梦想是好的，但一定要记住，要让你的梦想走进现实。"

刚毕业找工作时，千万不要挑三拣四，不要光想着找自己喜欢的或对口的，还要立足于现实，从实际情况出发。在工作的过程中，你会发现自己哪方面需要学习和改进。

未来怎么样,取决于现在怎么做

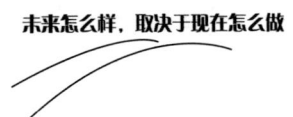

在加入联烨之前,我迷茫了将近一个月,不知道什么工作适合自己,或自己能做什么。

在这期间,同学给我介绍了对象,我也见了,但相处了一段时间后发现很多问题。因为我没有工作,说话自然没底气,缺乏信心,这就导致了与对方的沟通障碍,经常跟对方无话可说。

好在,我知道只有改变自己,让自己变得更加优秀,才能自信起来。

2008年12月,我有幸加入联烨,在这里,我渐渐找到了自信,认清了自己,明确了自己的奋斗方向。

刚开始时,我做得并不好,我同学劝我放弃,说我不适合做这个,太辛苦,要做好太难了。

我想,做什么不辛苦啊。更重要的是,公司的文化氛围很好,我被领导和同事们高涨的工作热情所感染,我渐渐地喜欢上这份充满挑战性的工作。

我凭着自己的坚定,留了下来,是改变自己的欲望让我坚持了下来。

第一个月,我被公司提升为主管,加入公司第八个月,我被提升为副经理,我要感谢公司人性化的制度及大家的帮助和鼓励。

当我在工作中取得一点成就时,当初劝我放弃的同学能解我了,他们说我的选择很正确。我父母也觉得我在外边没有瞎混,为我感到高兴。

我要说的是,不管我们做什么,结果比过程更重要。大家只会看你最终的结果,只有结果才具有说服力。因此,为了得到一个好结果，就得付出自己该付出的，承受自己该承受的，这样才有可能收获自己该收获的。

"物竞天择，适者生存。"世界上没有绝对公平的事情，都得靠自己去争取。

生活是美好的，梦想是美好的，只要你懂得让梦想走进现实，给自己设立一个目标，去奋斗，相信你的梦想一定会实现的。

我坚信，这样的人生才有价值！

未来怎么样,取决于现在怎么做

37
让工作成就我们的梦想

郑州分公司经理拜淑敏

我出生在陕西农村,家里特别穷,从小就梦想着走出农村。上学后,我努力读书,学习成绩一直不错,因为家里没钱供我上大学,我就考了中专,中专四年的费用都是妈妈借的。

我是家里的老大,父母借钱供我读书,是希望我将来出息了,能够帮助弟弟妹妹们。所以,我毕业后压力有多大,可想而知。我当时想,只要我找到工作,一定会竭尽全力,在工作中做出一番成就。

我经常告诉别人,我能成为经理是被逼出来的。

我记得我来公司面试时,是2000年3月6号,当时我的同学都是几个人一起去同一家公司面试,而我是一个人。原因很简单,我觉得自己的形象实在太差了,跟同学一起去的话,我怕自己被淘汰。

我有几个同学已经在公司上班了,他们就推荐我也一起来。我抱着试一试的心理来面试,没想到竟然被录用了。

第一天工作时,我口袋里只剩下 5 块钱了,而我当天就赚了 24 块钱,很开心。

一周后,公司安排我和另外一个同学到外地出差,在此之前,我们都没有去过其他地方。我回到学校收拾行李时,被同学们批斗了一晚上,我知道她们担心我,但是我明白自己现在的处境,任何事情都是要靠自己的,所以我没有被她们说服,还是去出差了。

一个多月后,我出完差回到公司,才知道我另外三个同学都不干了,我来不及思考就跟着"太子队"去南京探测市场了。

在南京,我经历了我业务生涯的低谷,差点就放弃了,之后又到天津,但终因身体原因回西安休息了两个月。

后来,我很想同事们,就在 10 月份第二次去了天津,当时我就告诉自己,既然选择了回归团队,就要有所作为,不能像上次一样一无所获。

我第一次带队出差是和杨萧领队合作去青岛,一个多月时间,学到很多管理经验。

我个人成长比较慢,身边的同事很多都提升副经理了,而我还是领队。让我印象特别深刻的是,一个副经理提升的酒会结束之后,我一个人在天津的海河边待了一晚上,心里很难受,但是我告诉自己,放弃就真的什么都没有了,坚持的话,提升只是时间问题,结果证明我是正确的。

2002 年,我和师父一起回到西安开公司,2003 年 1 月,我被提升为副经理。2003 年 11 月,我在武汉被提升为经理。

在武汉的一年,是我成长最快的一年,我用这一年的收入解决

未来怎么样，取决于现在怎么做

了家里的经济问题，也算给了家里一个交代。

2005年正月，为了团队的发展，我一个人到郑州找办公室，搞定一切后，在正月十五回到武汉，带着阳光队的成员到郑州开办了公司。

因为业务做得好，我在2006年开了第一家分公司，之后又开了几家分公司，直到2011年我的团队又经历了第二次创业，我也成长了很多，今天，我们再次走出了低谷，迎接更加辉煌的明天。

在成为经理后，事业也算是小有成就的我，碰到了我人生的另一半。现在，我们有了两个孩子，一儿一女，这让我的人生更加完美了。

在可能别人觉得是我运气很好，但是我想告诉大家："你是一切的根源。"

家庭和事业是人生最重要的两个部分，是要靠我们用心经营的，即使缘分也是由你的选择决定的，所以你将来要过什么样的生活，取决于你是一个什么样的人以及你现在的努力程度。

38
我爱的工作和梦想

石家庄五部经理姚金丰

我叫姚奉金,来自湖北宜昌,是联烨集团五部的经理,上学的时候,我的梦想就是做一个事业有成的创业者。

2001年春末,我毕业后被分配在镇卫生院工作,半年后,我感到这样的工作没有一点生气,很少有人来这里看病,根本无法体现我的价值。

我经常想,难道我年纪轻轻的,就这样了?

我有点不甘心,每到夜深人静时,我就会感受到自己想改变现实、成就梦想的渴望。终于有一天,我鼓足勇气,辞掉所谓的稳定工作,揣着600多元钱去了武汉。

对于没怎么出过远门的我来说,武汉是一个完全陌生的城市,我告诉自己,我一定要做出一份事业,一定要通过自己的努力,实现自己创业的梦想,让自己和家人生活得更好。

然而,我美好的梦想,在现实面前不堪一击。为了生存,我在厂里上过班,在工地搬过砖,在街边摆过地摊,卖过水果,虽

未来怎么样，取决于现在怎么做

然我做得很辛苦，却并没有赚到多少钱。我心里明白，这些都是暂时的，这些苦力活，都不是我想要的。我做这些活儿，都是为了给以后的创业打基础。

当我手里只剩100块钱时，我来到武汉现在的公司面试，没想到居然被录用了。记得第一天上班时，公司让我和一位主管一起出去卖洗发水，上门推销。

跑了一天，我感觉又苦又累又丢人，但我发现同事们挺开心的，他们热情的笑脸和谈各自工作感想时神采飞扬的样子，深深地打动了我。我想，就在这里锻炼一下自己吧，所以，我是抱着尝试的心态开始我的业务生涯的。

说实话，刚开始工作时，我做得并不好，但我告诉自己，别人能做到的，我也一定能做到，别人能做好的，我也一定能做好。

终于有一天，我卖出去三十多瓶洗发水，在公司排名第二，我很高兴。我在心里对自己说，我还是挺棒的，原来我也能做得很好。

那次的第二名对我是很大的鼓励，让我对自己更加认可，也正是那时的努力，为我以后在这个行业的成长奠定了基础。所以说，我们只有不断努力，不断肯定自己、鼓励自己，才能得到我们所追求的一切，那些碰到一点点挫折就怀疑自己的人，我想他们也不可能获得他们想要的。

我第一次出差四个月，因为业绩突出，收获了领队的提升，更令我开心的是，在出差期间，我不但提高了工作能力，增长了见识，还认识了跟我一起打拼的好兄弟。

我们一起到过桂林、张家界、衡山，得到过客户热情的支持，也经历过被人骂的窘境。每当我经历挫折时，我都会在心中对自己说，这一切，不但不会压垮我，反而会让我变得更加成熟。

人生，只要你敢走出去，你敢去面对，就没有什么战胜不了的。你可以超越自己，你可以做一个与众不同的自己。有人说成功是做别人不敢做、不愿意做、做不到的事，这句话很有道理。要想成功，就得从改变自己开始，从不习惯，不熟悉，不敢到勇于面对一切。

我觉得还有一点很重要，那就是我们要爱自己的工作，因为只有爱自己的工作，我们才觉得工作是通往梦想的有效途径。这样，我们在工作时，其实是在为梦想而奋斗。

2003年，我被提升为经理，来到石家庄，开始自己创业。一路走来，我和我的团队经历过无数次失败，但我从来没有放弃过，最后终于换来了成功。

人没有雄心终不能成事，公司给了我一个广阔的天空，让我张开翎羽，翱翔在天空，让我超越自我，去实现绚丽的梦想。

我们一直奔走在梦想的路上，加油！加油！

39
在工作中成就自己

石家庄九部经理洪根林

"成就自己是唯一的选择,没有任何借口,没有任何理由!"这是我在工作中的感悟。

时间过得真快,转眼间,我在外打拼已经十几年了,每当我想起这十几年来的经历,心中总是有无限感慨。

在联烨经理人中,我算一个新人。

我是农村长大的孩子,小时候家里很穷,俗话说,穷人家的孩子早当家。正是小时候穷困的生活环境,培养了我独立的性格。

我小时候的偶像不是刘德华、张学友、周星驰……而是尊敬的周恩来总理,说起来我和周总理还是老乡呢。

周总理是江苏淮安(原来的淮阴)人,他的那句"为中华之崛起而读书"一直鼓励着我,当然,我还是很了解自己的。

"定国安邦"是伟人的追求,我的目标没有那么大,我想得更多的是:怎么做才能成就自己?

我毕业后做了好几份工作都不太满意,后来,我决定去上海闯闯。在上海,我通过努力,加入了捷谊集团上海分公司,2002年得到提升,之后和团队一起到北京发展,在北京一待就是四年。之后,公司因为业务关系又转到了江苏徐州。

2009年后半年,我开始学做服装生意,经营时好时坏。店里有客人时我就招呼客人,没有客人时,我就在网上斗地主、下棋、闲聊……总之,这样的日子过了两年多。我觉得再这样下去,自己永远也实现不了梦想了。

经过一番思想斗争后,我觉得不能再这样浪费时间了。

2011年3月,在与家人商议并得到他们的理解和支持后,我来到河北省省会石家庄市,来到联烨,在这里我有幸结识了联烨集团的总经理杨萧先生,并且在杨总的帮助下,很快成立了石家庄联烨集团第九分公司。这一切来得太突然了,我似乎还没有做好充足的准备……这一路走来,我要感谢杨总对我的信任与支持!

我已经输不起了,也不能再输了,回首往事:年少时的轻狂,马路上过夜时的无奈,家人期待的眼神……想要改变这一切,唯一的出路就是努力奋斗,成就自己!

成就自己,是我唯一的选择!

40
做一个有美貌、有智慧、有梦想的女孩

郑州分公司经理曹增敏

我看着 QQ 资料里大家给我写的标签，不由得开心地笑了。

"意气风发美少女，美貌与智慧并存。"

"女强人，领导。"

"神人。"

从小学到大学，我就像一只丑小鸭，过着平凡的生活。性格孤僻的我，认为只有埋头苦学，才能取得好成绩。于是，我拼命苦学，从来不主动请教老师，可每次的考试成绩都告诉我，"闭门造车"不会有太大进步。

那时候，我安静、好学又听话，是父母、亲戚、邻居眼里的好孩子。从初中开始，每到寒暑假，我就和姐姐、妹妹出去打工，工作量很大，工资却少得可怜，但我们姐妹都很高兴，因为能为父母分担家庭的压力。

妹妹上初中时买了一辆自行车，170 元，那是我们剪了一个暑假的线头挣的钱。我的第一部手机是我在大二寒假期间打工赚的钱

买的。

上大学后，班里漂亮的女生都有了优秀的男朋友，而我渴望的爱情却迟迟没有来。看着那些漂亮的女生因为有了优秀的男朋友变得更加自信，我觉得自卑的自己更丑了。

2007年，我大学毕业，我学的是旅游管理，找了很长时间工作都没有找到合适的。一次偶然的机会，我在报纸上看到联烨集团在招人，不要求经验、学历。这对于当时的我来说，真是再合适不过了。

通过努力，我争取到了这份工作。

不自信、平平庸庸，是我来联烨之前的样子。来联烨后，师父跟我说："你的现状是对你前段时间的总结，而你未来的生活怎么样，是由你现在怎么做决定的。"

师父的话点醒了我，也鼓舞了我。是啊，我不能让自己生活得这么狼狈，我也不能才二十几岁，就把自己的未来否定掉。

在这里，同事们对工作的激情感染了我，激发了我的信心，让我有了事业梦想。

进入公司的第二个月，我被提升为领队，2012年2月，我被提升为副经理，2014年4月，我被集团任命为职业经理，同年10月，我所在的郑州行有恒贸易有限公司正式独立运营，这一切让我相信，女人原来可以有另外一种美。

我一直很喜欢杨澜，知性的她是很多人的偶像，是女人学习的榜样。有人问我："你为什么喜欢她？假如让你用五个词来形容她，你怎么形容？"

我回答："睿智，聪慧，豁达，淡雅，知性。"

未来怎么样,取决于现在怎么做

现在的我,在事业上也算小有成就了,我周围的女性朋友,经常问我:"女人应该选择爱情还是事业?"

我就用杨澜的话来回答:"爱情和事业是不冲突的,甚至是相辅相成的。在爱情中不要丢了事业,在干事业时也不要冷落了爱情。"

41
我擦的不是皮鞋，是梦想

销售高级主管路虎

有一天晚上，我在楼下的小店买东西时，进来一个女孩，长得文文静静的，脸上挂着浅浅的笑，年龄在20岁左右，穿着西装，系着领带。

她看我穿的是皮鞋，立刻蹲下来，不容我考虑，就挽起我的裤脚，帮我擦起了皮鞋，一边擦一边说："哥，我是做鞋油销售的，我先帮你擦擦鞋，你要觉得好，鞋油加光亮剂一共20元，你要觉得不好，我谢谢你能花时间接受我的服务。"

听了她的话，我惊呆了，我怎么也没有想到，这样一个穿着体面的女孩会主动给我擦皮鞋。我说："小妹妹，鞋油我不要了，我给你20元钱吧。"

女孩微微一笑，认真地说："如果你不要鞋油，我是不会要你的钱的。"

我摆摆手，说："钱你拿着，这么晚了，你一个女孩子家，赶紧回家吧。"

未来怎么样,取决于现在怎么做

我把钱硬塞到她手里,女孩说:"你买一盒鞋油吧!我今天再卖两盒就达成目标了,我再去卖一盒。"

她说完从我手中拿走10元钱,给了我一盒鞋油。我说你留个电话吧,她给我留下电话,然后对我说声"谢谢"就走了。我很震惊,想不到这样一个文静的女孩可以蹲下来给一个陌生人擦鞋,而且不卑不亢。

回到家,我看着手中的鞋油,又看看她的联系方式,知道了她叫韩让。我发现我根本没有看这盒鞋油的功能,也没有跟她讨价还价,更没有任何怀疑,只是觉得一定要帮她卖一盒,不然心里难受。

我也是做销售的,有自己的团队。跟这个女孩的销售方法比,我和我的团队逊色多了,我的团队是没有勇气这么做的。

我们总认为价格是影响销售的重要因素,认为是竞争对手的价格低,才导致我们的销售难做。今天,韩让让我接受了她的产品,她销售成功了。我觉得她是成功地销售了她自己,是她的人格魅力,她的行动震撼了我,让我觉得她值得帮,我根本没有跟她讨价还价的想法。

韩让的工作没有底薪,工资完全靠销售提成,而我团队中的销售人员拿着公司的底薪、话补、交通补助,还天天埋怨公司,工作态度跟韩让比不知差了多远。

韩让的业务模式就是背着包,到大街小巷去给别人擦鞋以销售鞋油,她不停地给顾客擦鞋,就要不停地蹲下、站起,这是很辛苦的。她一个女孩子能做到,我们能做到吗?

韩让在给别人擦鞋时,一定会遇到不理解的人,辱骂、调侃甚至是调戏应该都有过，但是她还能坚持下来，我们的业务员是否有这样的韧性？是否敢去做这种被很多人认为是低贱的工作？又是什么力量在支撑着她呢？

第二天早上，我跟公司的销售人员分享了韩让的故事，大家都被感动了。我当时提出一个问题："假如让你去大街上擦皮鞋，你有勇气去吗？"

下午，我请韩让来公司做分享，韩让向我们讲了她的故事。

因为家里穷，她16岁辍学，打了两年工后，又去上大学，后来因为身体原因又辍学，这份卖鞋油工作虽然才做了四个月，但是她很喜欢这份工作。

她向我们分享了她的两个秘诀和四句话。

两个秘诀：一是自信，二是激情。

四句话：每一天我在各方面都会越来越好；我怎么会如此幸运；这一切都会过去的；我行，我能，我一定会成功。

她讲完后，我们终于明白她为什么穿行在大街小巷给人擦皮鞋时不卑不亢了。她勇敢地面对困难和挫折，同时也在编织着美好的明天。

我问道："你不觉得给人擦皮鞋不好意思吗？"

她骄傲地回答："我擦的不是皮鞋，是梦想！我每次蹲下来都觉得好开心，我觉得离我的梦想又近了一步，每次蹲下来再站起来，我都可以看见蓝天，所以我每次给别人擦完皮鞋都很开心。"

我又问她："你擦皮鞋的时候，肯定有人不理解，有人谩骂，甚至有人会做不雅的举动，你是怎么想？怎么做的？"

未来怎么样，取决于现在怎么做

她说："我会对他们说，'谢谢你，我很喜欢这份工作！'"

那一刻，我的眼睛湿润了："我擦的不是皮鞋，是梦想！谢谢你，我很喜欢这份工作！"

我们每天都在应付工作，我们能不能说，我打的不是电话而是梦想？我设计的不是产品而是梦想？我建造的不是房屋而是梦想？……

如果一个人是为梦想而工作的话，还会累吗？还会不认真吗？如果我们像韩让这样拥有好的心态，在工作中遇到困难、挫折时就不会抱怨了。

人的强大，不是身体的强大，而是心灵的强大，当你在生活或是工作中遇到不顺时，请像韩让这样，对自己说一声："谢谢你，我很喜欢我的工作！"

42
我奔跑,我快乐

太原分公司经理李一彪

我出生在一个中等收入的家庭,父母为了让我接受更好的教育,初中时就送我到市区去上学了。在那里,我受老师和周围同学的影响,喜欢上了学习和读课外书,我的视野慢慢地开阔了!

接下来的一切按部就班,我顺利地上了大学,大学毕业后,我找到一份在别人看来不错的工作。

当时,我在北京做工程监理,这是一份很清闲的工作,每天只要对着国标衡量数据就可以了,朝九晚五,生活很规律。一年下来,我感觉自己没多少长进,在浪费时间。

那时,我根本没有什么上进心,抱着"得过且过"的态度工作。后来,因为要拿下注册监理工程师证,需要近十年的工作经验,我选择了离开!

我很早就明白一个道理:不要过多依赖三四十岁的人,因为他们现在的成就,是靠时间、经验、人脉换来的,他们不知道取得成功的捷径,更无法传授给你。年轻人应该寻找自己的圈子,如果你

未来怎么样，取决于现在怎么做

身边聚集着一群有梦想的人，或是两三年内取得一定成就、拥有一定财富的人，那你一定会比很多人有优势！

任何一个人的成功都不是偶然，必然是经历了一番努力和周折。

如果我们想成为一棵参天大树，就必须有合适的土壤，这就等同于环境、平台、系统，另外还需要不断地有肥料供给、雨露滋润，这相当于知识、技能、意识等。鉴于此，我决定理性地选择一份工作。

我进入联烨是经过再三考虑的，我记得那是 2009 年 3 月 1 日，对我来说，这是一个难忘的日子，我带着梦想和激情走进了联烨这个大家庭，开始了新的生活。

来到这里后，我发现这里充满了激情，充满了活力，充满了信心，充满了希望，我对此产生了强烈的好奇心。

考核的第一天，我师父对工作的勤奋精神，深深地感染了我，直到现在，我还记得他对我说的一第句话："诚诚恳恳做人，踏踏实实做事。"

人生没有捷径，只有脚踏实地走好每一步，才能实现梦想。这句话很简单，却说明了一个的道理，梦想的实现需要脚踏实地的奋斗。在工作中，我们只有踏踏实实地做好每一件事，努力进取，才能在平凡的岗位上创造出不平凡的业绩。

那时，我们公司业务室墙上贴着"天道酬勤"四个字，这四个字时刻在提醒、激励着我。公司既然提供了平台，我就要好好利用，发挥自己最大的价值。

事实也证明，在公司这几年，我从幼稚到成熟，成长很快。

通过不断的努力，我心中的目标越来越清晰，我要用最快的速度抵达彼岸。

我的努力和付出慢慢开始有回报，公司给我的机会越来越多。我对事业的追求只能用热爱来形容。能力的提升，团队的壮大，让我在2010年迎来了一大喜讯，我通过了副经理考核！

我见证了很多人升任副经理，这对我的触动很大。我想我必须要走出来，要脱颖而出，2010年是虎年，"老虎"是最棒的。经过20多天的考核，我胜利了，整整一年的销售路程，换来了鲜花和掌声，2011年9月20日，我被提升为经理。

我明白，自己要走的路还很长，我必须振作精神。我要对自己负责，因为我是榜样；我要对团队负责，因为我是师父；我要对家人负责，因为我是男人；我要对父母负责，因为我是孝子。一切"有我在"！

太原分公司已经扬帆起航，我在这里要告诉每一位兄弟姐妹："不抛弃、不放弃；互帮助、互有爱；共学习、共成长；有困难、一起扛。"

只要我们自己没有问题，一切就都没有问题！我们的成功也就没有问题。